SAMMLUNG GÖSCHEN BAND 319

Australien und Ozeanien

mit 46 Skizzen

Von

Hans-Joachim Krug

Walter de Gruyter & Co.

vormals G. J Göschen'sche Verlagshandlung · J. Guttentag, Verlagsbuchhandlung · Georg Reimer · Karl J. Trübner · Veit & Comp.

Berlin 1953

Archiv-Nr. 000 319
Druck von Buchdruckerei Oswald Schmidt GmbH., Leipzig III/18/65
Printed in Germany
722/3/50

Inhaltsverzeichnis

Die Geschichte der Entdeckung

Als im 15. Jahrhundert die Portugiesen und Spanier ihre großen Entdeckungsfahrten begannen, die zur Erschließung weiter Teile unseres Erdballes führten, war das Weltbild der Europäer bis auf die Entdeckungen der Wikinger im Europäischen Nordmeere über 1600 Jahre hindurch fast unverändert geblieben.

In der Zeitspanne von dem Ausklang der Hochblüte des altrömischen Imperiums bis zur italienischen Renaissance, die neben der Wiedergeburt der alten Kunst auch die Wiedergeburt des klassischen Altertums in seinen Einflüssen auf die Wissenschaft bedeutete, waren im wesentlichen nur die Araber das wirtschaftlich und geistig verbindende Element zwischen Südasien und Europa. Durch sie waren asiatische Waren und die Kenntnisse über jene Länder den Völkern am Mittelmeer überliefert worden. Doch schei-

Das europäische Weltbild um 200 vor und 1400 n. Chr.

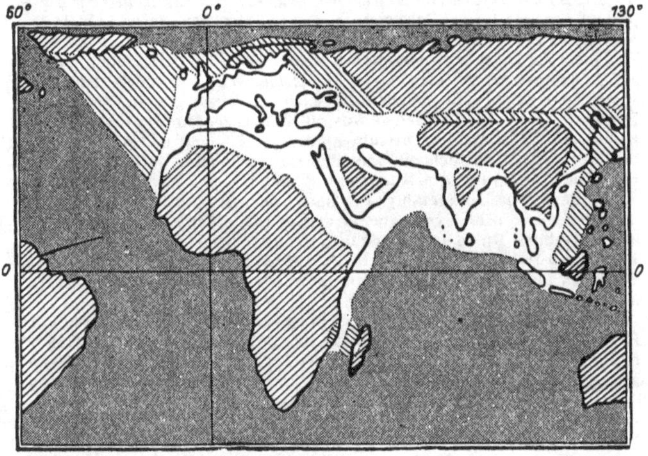

Skizze 1

Erläuterung:
Weiße Fläche: das Weltbild um 200 v. Chr. – Schraffur von links oben nach rechts unten: Entschleierung der Erde von 200 v. Chr. bis 1400 n. Chr. – Übrige Flächen: 1400 n. Chr. unbekannte Länder und Meere

nen sie Nachrichten über Australien und die Inselwelt Ozeaniens nicht übermittelt zu haben. Auch die beiden Italiener Marco Polo und Nicolo Conti, deren Reiseberichte über die Länder Süd- und Ostasiens sowie den Indischen Ozean in Europa den Wunsch erweckten, unmittelbar mit dem reichen Indien, mit Kathai (China) und Zipangu (Japan) in Verbindung zu treten, wußten über Australien und Ozeanien nichts zu erzählen.

So mag es den Anschein haben, daß weder die Araber noch die Malaien und Chinesen oder die Japaner in jener Zeit Australien und die Inseln im Südmeer gekannt haben. Doch diese Auffassung ist irrig. Damals schon befuhren die Japaner das Ost- und Südchinesische Meer bis nach Hinterindien, segelten chinesische Dschunken von der Küste von Schantung, Fukien und von Kanton aus sowohl zu den Philippinen und nach Java als auch über Indien hinaus bis zur Küste Arabiens und vielleicht sogar bis Madagaskar, während die Araber zweifellos bis zur Ostküste von Hinterindien vorgedrungen waren und wohl schon im 9. Jahrhundert Japan erreicht hatten. Ebenso wie die europäischen Seefahrer später auf der Suche des Seeweges nach Indien und Zipangu unvermutet an die Küsten von Neuguinea und Australien verschlagen wurden oder die Inselgruppen im Stillen Ozean entdeckten, konnte es keinesfalls ausbleiben, daß die seefahrenden Araber, Malaien, Chinesen und Japaner lange vor dem Erscheinen der Europäer in den asiatischen Gewässern zum mindesten Teile jener Gebiete bereits gekannt haben. Diese Auffassung wird auch durch die Reisebücher der Holländer Le Maire und Schouten bestätigt, die 1616 berichteten, daß sie auf Neuguinea chinesische Waren vorfanden, während andere Holländer später feststellten, daß malaiische Fischer schon seit Jahrhunderten ihre Fischzüge bis zur Nordwestküste Australiens ausdehnten. Das ursprüngliche Schweigen der asiatischen Seefahrer über das Südland und die Südinseln mag durch die Unwirtlichkeit jener Gebiete begründet sein. Seehandel, Seeraub und Gewinnung von Kolonialraum waren vorwiegend die treibenden Kräfte der asiatischen Seefahrer wie ja auch der ersten großen Entdeckungsfahrten der Europäer. Es gab aber an der südasiatischen Küste wie im Malaiischen Archipel Raum und Schätze in so ausreichendem Maße, wie sie die Küsten Australiens oder die Inseln Ozeaniens nicht zu bieten vermochten. So haben die Asiaten erklärlicherweise kaum über Dinge gesprochen, die ihnen selbst uninteressant waren.

In Europa hatte mit der Wiederbelebung der Wissenschaft im Verlauf der Renaissance das Bild der Kugelgestalt der Erde, wie bereits Ptolemäus sie sich vorgestellt hatte, die Darstellung der Erde als Scheibe abgelöst. Damit war auch der Gedanke von Ländermassen um den Südpol, der „Terra Australis incognita" wieder aufgelebt. So zeigte bereits 1489 in London das Kartenwerk „Mappae mundi" die Eintragung eines Südlandes (Terra Australis) im Stillen Ozean. Der Widerstand, den bereits die Kreuzfahrer in Vorderasien bei den Arabern gefunden hatten und schließlich der Einfall der Mongolen in Osteuropa und Vorderasien im 13. Jahrhundert verschloß den Völkern Europas den alten östlichen Landweg Alexander des Großen und verwies sie auf das Meer.

Doch die Entdeckungsfahrten in das Indische Meer galten zunächst nicht der Suche nach dem geheimnisvollen Südlande, sondern dem Handel mit den

von den Arabern so gepriesenen Goldländern Indien, Kathai und Zipangu. Die Portugiesen und die Spanier waren die ersten europäischen Völker, die den Gedanken der unmittelbaren Fühlungnahme mit den fernen Ostländern in die Tat umsetzten. Nachdem beide Völker im 700jährigen Ringen die arabischen Mauren von der Iberischen Halbinsel verdrängt hatten, gedachten sie, ihren arabischen Feinden auch den Handel mit jenen Ländern zu entreißen.

Während die Portugiesen nach den Weisungen ihres Prinzen Heinrich, genannt „Heinrich der Seefahrer", den Weg nach Indien unter Umschiffung

Die bedeutendsten Entdeckungsfahrten im Raume von Australien und Ozeanien

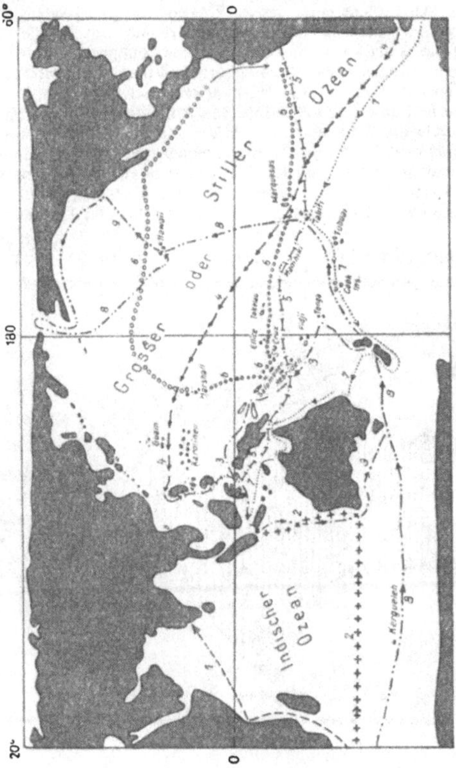

Westweg:
1. Vasco da Gama 1497
2. Seeweg der Holländer 1611 u. 1616
3. Tasman 1643

Ostweg:
4. Magelhaes 1519–1521
5. Torres 1606
6. Mendaña 1567
7. Cooks 1. Reise 1768–1770
8. Cooks 3. Reise 1776–1779

Skizze 2

von Afrika suchten, folgten die Spanier den Vorschlägen des Genuesen Kolumbus, unter Ausnutzung der Kugelgestalt der Erde in westlicher Fahrt Zipangu und Indien zu erreichen.

Im weiteren Ablauf der zwischen dem 15. und 18. Jahrhundert zur Entschleierung Australiens und Ozeaniens führenden Fahrten hielten die Spanier nach der Entdeckung Amerikas im allgemeinen an dem Ost-West-Weg nach Indien fest. Dahingegen befuhren die Portugiesen und, ihnen folgend, die Holländer vorwiegend den West-Ost-Weg des Vasco da Gama, der erstmalig 1497 die Westküste Vorderindiens erreichte. In einem Zeitraum von 400 Jahren wurden etwa bis 1800 die weiten Flächen des Stillen Ozeans und der Küstenlinien Australiens entschleiert. Weitere 100 Jahre beanspruchte die Erforschung Inneraustraliens sowie der zahlreichen Inseln, die bis auf die Durchdringung Neuguineas heute wenigstens topographisch als abgeschlossen betrachtet werden kann. Dahingegen sind die geographischen, geologischen, ethnographischen und sonstigen wissenschaftlichen Untersuchungen bisher noch nicht zu einem befriedigenden Ende durchgeführt. Der zeitliche Ablauf, sowie die Ziele und Erfolge der einzelnen Forschungsreisen sind in einer Übersicht im Anhang 1 zusammengestellt. Danach sind nach Vasco da Gama als die bedeutendsten Entdeckungsfahrten die Reisen von Magalhaes, Mendaña, Torres, Abel Tasman und Cook anzusprechen.

Doch die Namen der ersten Entdecker von Neuguinea und Australien sind

Tasmans Karte von Australien 1642—1643

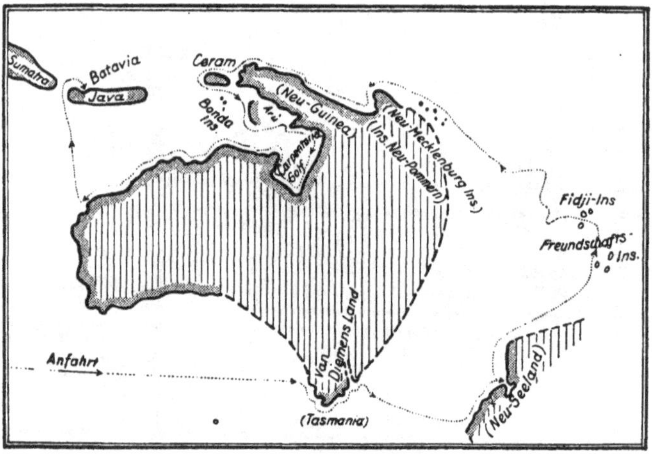

Skizze 3

in Vergessenheit geraten, da die Portugiesen und Spanier, wie auch die Holländer aus Gründen der Handelskonkurrenz die wesentlichen Entdeckungen verheimlichten. So wurde zum Beispiel die Entdeckung der Durchfahrt zwischen Australien und Neuguinea im Jahre 1606 durch Torres erst zu Beginn des 18. Jahrhunderts bekannt. Damit verliert auch das Ergebnis der Forschungen Tasmans (1642—1643) an Bedeutung. Wohl entdeckte er Tasmanien und Neuseeland. Jedoch erkannte er infolge seines Systems der Randforschung weder die Inselgestalt Neuseelands noch fand er die Torres-Straße wieder.

Aber auch die Entdeckung der Ostküste Australiens durch Cook, sowie seine Wiederauffindung der Torres-Straße erscheint in einem anderen Licht angesichts verschiedener im 19. Jahrhundert aufgefundener alter Kartenwerke aus der Zeit um 1542, nach denen sowohl in Portugal, Spanien und Italien als auch in Frankreich und England weite Strecken der West- und Ostküste Australiens bereits 100 Jahre vor der Reise Tasmans bekannt waren.

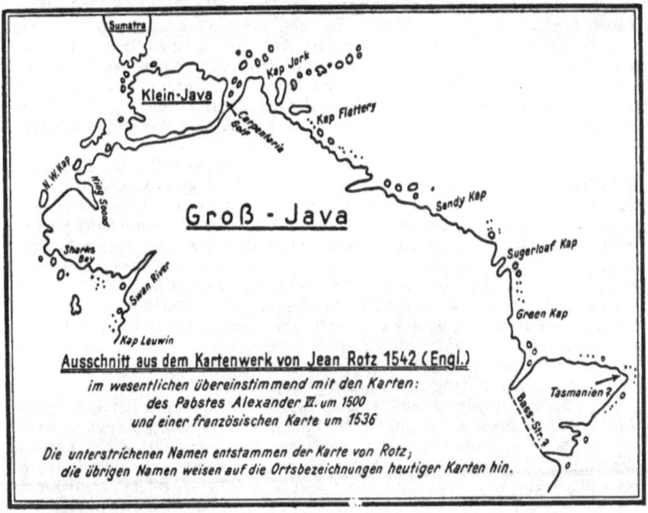

Skizze

Ferner müssen auch die Holländer schon Ende des 16. Jahrhunderts erheblich mehr von Neuguinea und Australien gewußt haben, als aus der Karte Tasmans ersichtlich ist. So zeigte bereits der Holländer Jodocus Hondius in seinem 1595 in London herausgegebenen Kartenwerk zur Weltumsegelung von Francis Drake (1577—1580) die Trennung Neuguineas von der Terra Australis. Zwei Jahre später schreibt sodann der holländische Geograph Cornelius Wytfliet:

„Die Terra Australis ist das südlichste aller Länder. Sie ist durch eine Straße von Neuguinea getrennt. Ihre Küsten sind bisher nur wenig bekannt, da nach der einen oder anderen Seite diese Route aufgegeben wurde. Und so wird der Weltteil nur selten besucht, außer Segler werden durch Stürme dorthin verschlagen. Sie beginnt am 1. oder 2. Grad südlich des Äquator und ist, wie einige behaupten, von so großer Ausdehnung, daß sie sich bei gründlicher Erforschung als fünfter Erdteil erweisen würde."

In der Aufgabe der alten australischen Route könnte die Erklärung liegen, daß die Entdeckungen aus der Zeit des Beginns dieses Jahrhunderts in Vergessenheit gerieten. Die immer wieder betonte und auch tatsächliche Unwirtlichkeit zum mindesten der nordwest-, west- und südaustralischen Küste mögen der Anlaß zur Änderung des Reiseweges gewesen sein. So kam der an sich bereits bekannte neue Erdteil erst wieder dem europäischen Gesichtskreis näher, nachdem der Holländer Brouwer 1611 einen neuen Seeweg nach Java wählte. Er fuhr unter Ausnutzung der starken Westwinde in den südlichen Breiten vom Kap der Guten Hoffnung etwa bis zum 110. Grad östlicher Länge nach Osten und nahm sodann Nordkurs auf die Sundastraße zwischen Sumatra und Java. Damit kam er in den Bereich der australischen Westküste. Dieser Teil Australiens wurde daraufhin 1615 von Dirk Hartog mit der Eendragt und in der Folge auch von anderen Schiffen besucht oder auch nur gesichtet.

Vielleicht kommt eine andere, ebenfalls im Besitz des Britischen Museums in London befindliche Karte, nach der 1601 der Portugiese Manoel Godinho de Eredia Terra Australis entdeckte, der Beantwortung der Frage nach dem ersten europäischen Entdecker Australiens näher? Befuhren doch die Portugiesen als erste Europäer die südasiatischen Gewässer und hatten bereits 1528 die Molukken besetzt. Ferner standen sie seit 1505 mit Ceylon und 1543 mit Japan in Handelsbeziehungen. Aus der Beschriftung des auf der Skizze 4 erwähnten Kartenwerks geht ferner hervor, daß diese Karte nach den Weisungen des Papstes Alexander VI. zur Kennzeichnung der Grenzen zwischen den portugiesischen und spanischen Kolonialgebieten benutzt wurde. Es liegt also nahe, den Ruhm der Entdeckung Australiens für den europäischen Gesichtskreis den Portugiesen zuzuschreiben.

Nach der ersten Einrichtung einer britischen Strafkolonie bei Sydney im Jahre 1788 beanspruchte sodann die innere Erforschung Australiens noch einmal über ein Jahrhundert. Die abweisende Wirkung des steilen Ostwalles der Blauen Berge und ganz besonders der auf weite Strecken wasserarmen bis völlig wasserlosen westlichen und zentralen Wüstengebiete erschwerten das Eindringen in das Landesinnere und machten die Durchquerung des Kontinents zu einem Wagnis auf Leben und Tod. Erst 1813 gelang es, über die Blauen Berge das Hochland westlich der australischen Küstenkordillere mit seinen Weideflächen zu erreichen. Unter den in den folgenden Jahrzehnten durchgeführten und in nachstehender Skizze 5 zusammengestellten Reisen zur Erforschung desLandesinnern stehen die Unternehmungen vonSturt, Mitchell, Eyre, des Deutschen Leichhardt, Gregory, Burke, Stuart, Flinders, Kennedy, Winnecke, Warburton, Forrest und Giles an erster Stelle.

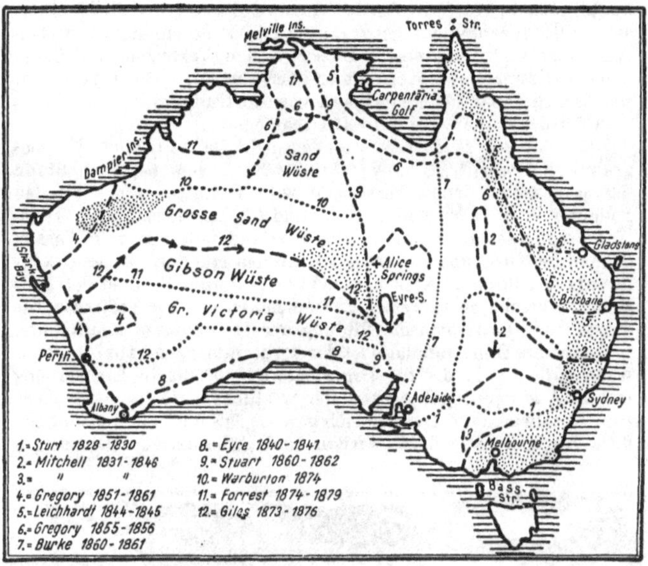

Skizze 5: Die bedeutendsten Reisen zur Erforschung Inneraustraliens

Den großen Leistungen dieser Männer hat vor allem Albert F. Calvet in seinem umfangreichen Werk „The Exploration of Australia" ein wohlverdientes Denkmal gesetzt.

Die Bestimmung des Raumes

Geographische und geologische Grundlagen

Die Bezeichnung Australiens als den fünften selbständigen Erdteil wurde schon früh allgemein anerkannt. Jedoch bestehen heute noch in bezug auf die Zusammenhänge Australiens mit den anderen Kontinenten sowie die Abgrenzung der Inselwelt Ozeaniens gegen Australien und Asien verschiedene Auffassungen. Der Begriff „Australasia", wie er lange Zeit in Großbritannien und auch heute noch in Australien selbst angewendet wird, deutete einerseits auf angenommene geographische Zusammenhänge zwischen Australien und Asien sowie auch zwischen Australien und Ozeanien hin; andererseits verfolgt er aber auch den Gedanken einer politischen Zusammengehörigkeit von Australien mit zum mindesten der benachbarten Inselwelt Ozeaniens.

Räumlich wie zeitlich verschieden gedeutet wird auch der geographische Begriff „Gondwanaland". Nach dem heutigen Stand der wissenschaftlichen Forschung wird Gondwanaland mit den bedeutendsten Teilen Südamerikas und Afrikas als einer der Urkontinente angesehen, die als älteste Festlandsteile aus den Wasserflächen der Urozeane emporragten. An den Rändern dieser Urkontinente mit ihren ältesten uns bisher bekannten Formen der Erdrinde verursachten zu verschiedenen Zeiten unserer Erdgeschichte entstehende Faltungen die Bildung unserer heutigen Kontinente.

Der Name Gondwanaland ist der vorderindischen Provinz Gondwana entlehnt, in der die Urgesteine augenfällig in Erscheinung treten. Aus der Zugehörigkeit der westlichen Hälfte Australiens zum Gondwanaland ergeben sich gewisse Zusammenhänge der Urflora Australiens, Asiens, Afrikas und Südamerikas. Die erdge-

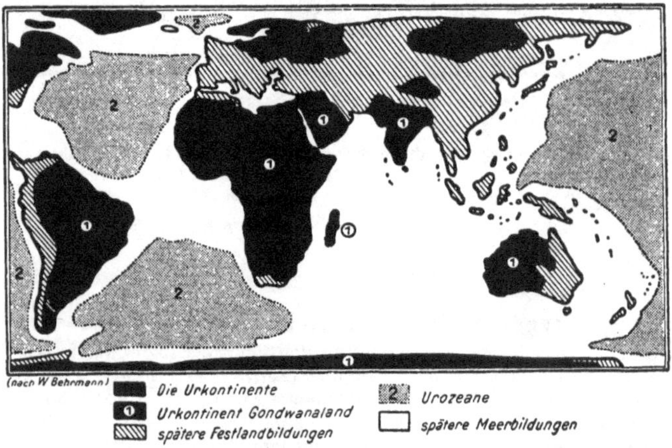

Skizze 6: Urkontinent Gondwanaland

schichtlich frühe Lösung Australiens von den ursprünglichen Zusammenhängen sowie auch in der Folge seine isolierte Lage haben sodann zu einer weitgehenden Eigenentwicklung der Flora, Fauna und der Menschen dieses Kontinents geführt.

Die Untersuchung der unterseeischen Reliefformen läßt schließlich in der 4000-m-Tiefenlinie den Einbruch der Urozeane in das alte Gondwanaland erkennen sowie die Trennung der zum jungen großasiatischen Kontinent gehörenden Hauptinseln des Malaischen

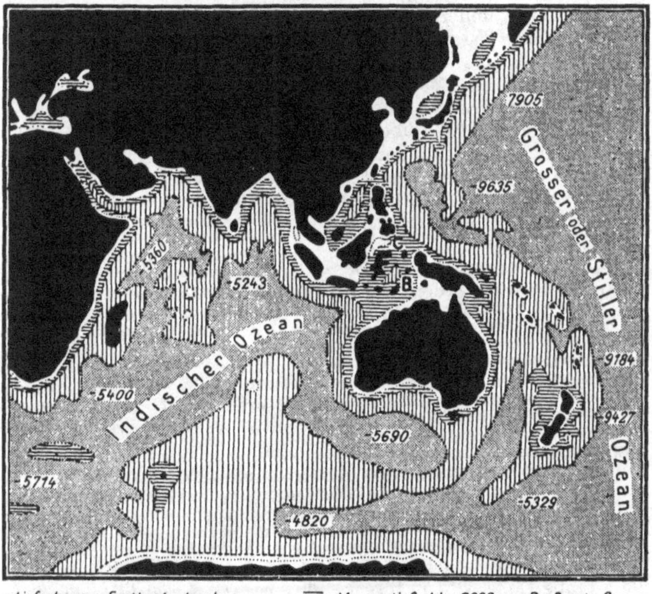

tiefschwarz: Festland u. Inseln ≡ *Meerestiefe bis 2000 m* B = *Banda-See*
weiß : Meerestiefe bis 200 m ||||| *" " " 4000 m* C = *Celebes-See*
mattschwarz: Meerestiefe über 4000 m
(die Tiefenstufen 2000 u. 4000 m sind teilweise überdimensioniert gezeichnet.)

Skizze 7: Die unterseeischen Reliefformen um Australien
Die Banda- und Celebes-See sind über 5000 m tief

Archipels von Australien-Neuguinea durch die über 5000 m tiefen Senken der Celebes- und Banda-See. Die Celebes-See, die Makassar-Straße und der innerhalb der Kette der Kleinen Sunda-Inseln zwischen Bali und Lombok bestehende Meeresarm bilden die klar erkennbare Grenze zwischen der asiatischen und australischen Flora und Fauna.

Die Schelflinie kennzeichnet die bei Absinken des Meeres um 200 m in Erscheinung tretenden Landzusammenhänge. Sie begünstigten zweifellos während des Tiefstandes der Meere im Verlauf der verschiedenen Eiszeiten die Völkerverbindung zwischen dem Malaiischen Archipel und Asien einerseits sowie Australien und Neuguinea wie auch Tasmanien andererseits. Die Schelflinie zeigt aber auch eindeutig die zwischen Asien und Australien bestehende Trennung sowie die Isolierung Australiens von Celebes, den Molukken und den Kleinen Sunda-Inseln.

Eine weitere Klärung über die ursprünglichen Landzusammenhänge bringt sodann eine Betrachtung des Bodenreliefs des Großen oder Stillen Ozeans. Sie bestätigt die bereits in der Anordnung der Inselwelt erkennbaren tektonischen Leitlinien.

Das Relief läßt drei ausgesprochene Gruppen von Leitlinien erkennen:

1. Die von Japan über die Bonin-Inseln, die Marianen- und die Palau-Inseln von Norden gestaffelt nach Südwesten führende tektonische Linie. Sie deutet in Verbindung mit den östlich vorgelagerten Gräben, dem Japan-, Guam- und Palau-Graben die Zugehörigkeit dieser Inseln zum asiatischen Kontinent an. Diese Erkenntnis wird auch durch die ethnographischen Forschungen bestätigt. Die allgemein übliche Einbeziehung der Marianen- und Palau-Inseln in die Inselwelt Mikronesiens ist somit weder geographisch noch ethnographisch einwandfrei.

2. Die von Neuguinea über die Salomonen, die Neuhebriden, Viti- und Tonga-Inseln bis nach Neuseeland verlaufende tektonische Leitlinie mit den beiden inneren Streichrichtungen von den Louisiaden über Neukaledonien und die Norfolk-Inseln, sowie von den Chesterfield- und Lord-Howe-Inseln nach Neuseeland. Auch diese große Linie wird in ihrem südlichen Teil durch den Tonga- und Kermadec-Graben von den ostwärts liegenden Teilen des Stillen Ozeans getrennt. Die Feststellung von Gesteinsresten der Urgebirge auf den Inseln dieser Gruppe weist auf die Möglichkeit hin, daß diese Inselketten den alten nordöstlichen Festlandsrand Australiens zwischen der paläozoischen Periode und der Kreidezeit darstellen. Schließlich weist die Besiedlung der Inseln von

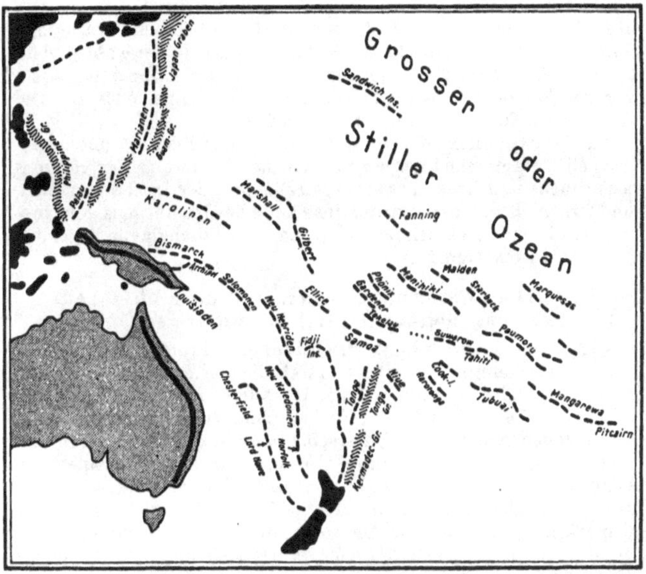

Skizze 8: Tektonische Leitlinien unter dem Meeresspiegel des Stillen Ozeans mit den aus der Wasserfläche aufragenden Inseln

Neuguinea bis nach Neukaledonien und den Viti-Inseln durch die Völkergruppe der Melanesier auf die alten Zusammenhänge hin.

3. Die dritte Gruppe der tektonischen Leitlinien weist eine in verschiedenen Wellen gleichlaufend zueinanderliegende Streichrichtung von Nordwesten nach Südosten auf. Die unterseeischen Bodenwellen werden durch vulkanische Inseln mit oder ohne Korallenbildungen gekrönt. Bei allen diesen Inseln scheint es sich um unterseeische Schwächestellen oder sogar Spalten der Erdrinde zu handeln, die als Quellen vulkanischer Aufbautätigkeit wirken, wie es bei den Hawaii- oder Sandwich-Inseln durch nordamerikanische Vulkanologen festgestellt werden konnte. Somit stehen die Inseln dieser Gruppe weder mit dem asiatischen noch mit dem australischen Kontinent im unmittelbaren Zusammenhang.

Die von Alaska nach Kamtschatka weisende Inselkette der Aleuten, sowie die der Westküste von Nord- und Südamerika unmittelbar vorgelagerten Inseln des Stillen Ozeans gehören wohl eindeutig zum amerikanischen Kontinent, ebenso die Clipperton-Inseln vor der Westküste Mittelamerikas, die nur politisch als ein Teil Französisch-Ozeaniens bezeichnet werden.

Auf der Grundlage der vorstehenden geographischen und geologischen Zusammenhänge ergibt sich die Gliederung des Raumes Australiens und Ozeaniens in: Australien mit der Insel Tasmanien, und Ozeanien mit der Inneren Inselkette des Inselbogens von Neuguinea bis nach Neuseeland sowie den nordöstlich davon liegenden Äußeren Inselketten.

Die Urbewohner des Raumes und die sich daraus ergebenden Raumbestimmungen

Die geographisch und geologisch bedingte Raumgliederung wird jedoch, wie bereits angedeutet, durch die Besiedlung dieses Raumes einer Änderung unterworfen. Die allerdings noch nicht abgeschlossene Rassenforschung läßt bei manchen gemeinschaftlichen Grundzügen beachtliche Unterschiede zwischen den Bewohnern von Australien und Neuguinea wie auch innerhalb Ozeaniens erkennen. Im großen gesehen, kann man im Raume Australien-Ozeanien drei allerdings in sich noch vielfach gegliederte Völkergruppen erkennen, nämlich die Australier, die Melanesier und die Polynesier. Im allgemeinen werden ferner noch die Mikronesier als vierte Gruppe aufgeführt.

Die Australier werden als Urbewohner Australiens und Tasmaniens bezeichnet, während die Melanesier Neuguinea und die südöstlich anschließenden Inseln der Inneren Inselkette bis nach Neukaledonien vorwiegend und die weiter östlich gelegenen Santa-Cruz- wie Viti(Fidji)-Inseln nur teilweise besiedeln. Die Inseln der Äußeren Inselkette waren mit Ausnahme der Inseln Mikronesiens bei ihrer Entdeckung durch die Europäer die Heimat der Polynesier. Die Bewohner der Inseln Mikronesiens können dahingegen nur bedingt als besondere Völkergruppe angesprochen werden. Der Name „Mikronesien", Kleininselwelt, bezieht sich lediglich auf den weitgespannten nordwestpazifischen Raum mit seiner Vielzahl kleiner und kleinster Inseln. Auf die geographisch bedingte Zugehörigkeit der Marianen- und Palau-Inseln zum asiatischen Kontinent wurde bereits hingewiesen. Das gesamte Gebiet Mikronesiens wurde zweifellos vorübergehend von den Polynesiern auf ihrem großen Wanderzuge in den heute als Polynesien, Vielinselwelt, bezeichneten Raum besiedelt. Die bei der Weiterwanderung der Masse zurückgebliebenen Polynesier wurden sodann in späterer Zeit von nachwandernden Indonesiern und Melanesiern teilweise verdrängt oder rassisch und kulturell überlagert. Somit kann man die Bevölkerung Mikronesiens nicht rassisch, sondern nur in gewissen kulturellen Eigenarten als eine Einheit bezeichnen.

Aber auch die Frage der Bodenständigkeit und gegebenenfalls der Urheimat der Australier, Melanesier und Polynesier konnte bisher einwandfrei nicht geklärt werden. Im allgemeinen wird angenommen, daß die Urheimat dieser drei Völkergruppen auf dem asiatischen Kontinent zu suchen ist und daß diese Völker zu verschiedenen, um viele Jahrhunderte gestaffelte Zeiten ihre heutigen Stammsitze erreichten. Geht man von der Feststellung aus, daß der Kontinent Australien schon in vorgeschichtlicher Zeit vom asiatischen Großraum getrennt wurde und Flora wie Fauna, so auch die Bewohner von jenem weit zurückliegenden Zeitabschnitt an eine Eigenentwicklung vollzogen, so kann man die Australier wohl als bodenständig bezeichnen. Das heißt, daß sie nach vorgeschichtlicher Einwanderung innerhalb eines sehr großen Zeitraumes eine Eigenentwicklung durchliefen. Diese Feststellung schließt jedoch nicht aus, daß die Australier im Ablauf ihrer bodenständigen Entwicklung zu verschiedenen Zeiten äußeren Einwirkungen unterworfen waren. Sie müssen in Anbetracht der räumlichen Nähe von Neuguinea und der südöstlichen Inseln des Malaiischen Archipels besonders aber auch unter Berücksichtigung der ausgesprochenen Seefahrernatur der Malaien als sicher angenommen werden.

Schwieriger ist die Frage der Bodenständigkeit der Melanesier zu entscheiden. Besonders auf Neuguinea, aber auch auf dem Bismarck-Archipel sind im Innern der Inseln Stämme festgestellt worden, die zum mindesten als von später eingewanderten Gruppen verdrängte Früheinwanderer oder sogar bodenständige Bevölkerung angesprochen werden können. Eine besondere Rolle spielen dabei einige den Pygmäen ähnliche Gruppen. Es wird heute angenommen, daß diese nicht mit den afrikanischen Pygmäen verwandt sind, sondern nur örtliche, durch die Lebenshaltung und Abgeschlossenheit von der Umwelt entstandene Verkümmerungen darstellen. Ein wesentlicher Unterschied besteht auch auf Neuguinea zwischen den sogenannten Ostmelanesiern und den Papuas oder Westmelanesiern. (Siehe auch die Seite 89.)

Die Vermischung der Melanesier mit den Polynesiern, insbesondere auf den Santa-Cruz- und den Viti-Inseln, läßt sodann erkennen, daß dort noch im 18. Jahrhundert Verschiebungen stattgefunden haben.

Geht man von der geographischen Erkenntnis der erdgeschichtlich frühen Trennung des australischen Raumes vom asiatischen Kontinent aus, so können die Melanesier in ihren heutigen Wohngebieten zum mindesten als teilweise bodenständig angesprochen werden.

Wesentlich einfacher scheinen nach den bisherigen Forschungen die Dinge in bezug auf die Polynesier zu liegen. Aus den geschichtlichen Überlieferungen der innerhalb der drei Völkergruppen kulturell am höchsten entwickelten Polynesier sowie aus der vergleichenden Sprachuntersuchung läßt sich erkennen, daß die Polynesier entweder vor den Malaien oder in Einschaltung zwischen zeitlich verschiedenen Wandergruppen der Malaien von Hinterindien aus den Malaiischen Archipel erreichten und diesen wiederum in verschiedenen Wellen, letzten Endes vor dem Einsetzen vorderindischer Einflüsse auf Indonesien, also im 1., spätestens zu Beginn des 2. Jahrhunderts n. Chr. verließen. Die Besiedlung des polynesischen Teiles von Ozeanien vollzog sich keineswegs in einer einmaligen großen Bewegung, sondern muß als wellenförmiges Fortschreiten und auch Zurückfluten bezeichnet werden. Diese Bewegung hat sich noch wenige Jahrzehnte vor, zum Teil sogar noch nach der Entdeckung der Inseln durch die Europäer fortgesetzt. In ihrem Verlauf haben die Polynesier, abgesehen von den zu Melanesien gehörenden Inseln, im wesentlichen vor ihrem Eintreffen unbewohnte Inseln besiedelt. In einigen Fällen, so nachweislich auf den Hawaii-Inseln, haben zeitlich um mehrere Jahrhunderte auseinanderliegende Vorstöße der Polynesier stattgefunden. Die Einzelheiten der polynesischen Wanderzüge werden in den Ausführungen über Polynesien (Seiten 90—93) behandelt. An dieser Stelle sei jedoch erwähnt, daß auch über die Frage der Urheimat der Polynesier weit voneinander abweichende Auffassungen bestehen. Unverkennbare indogermanische Rassemerkmale der Polynesier, die unter Berücksichtigung ihrer Wanderzüge begreiflicherweise an verschiedenen Orten und zu verschiedenen Zeiten von indonesischen und auch melanesischen Einflüssen überlagert wurden, haben unter anderen z. B. A. Fornander in seinem Werk „An Account of the Polynesian Race" veranlaßt, unter Hinweis auf körperliche wie auch sprachliche Zusammenhänge Vorderasien als die Heimat der Polynesier anzusprechen. Wieder andere suchen den Ausgangspunkt der Polynesier mehr in der Zentrale der asiatischen Völkerwiege. Es erscheint unwahrscheinlich, daß diese Frage jemals einwandfrei entschieden werden kann.

So muß man als einigermaßen sicheren Ursprung der polynesischen Bewegung Hinterindien ansehen. Dabei kann allerdings auch die Zeitangabe über den Ansatz dieser Bewegung etwa um das Jahr 1000 v. Chr. mit den ersten malaiischen Wanderungen von dem asiatischen Festlande zum Malaiischen Archipel nur als wahrscheinlich bezeichnet werden.

Auf der Grundlage der geographischen und geschichtlichen Er-

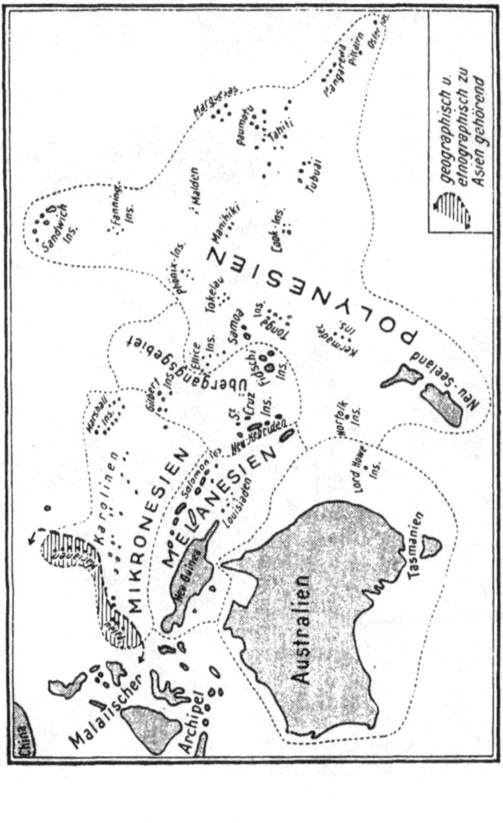

Skizze 9: Die Gliederung des austral-ozeanischen Raumes

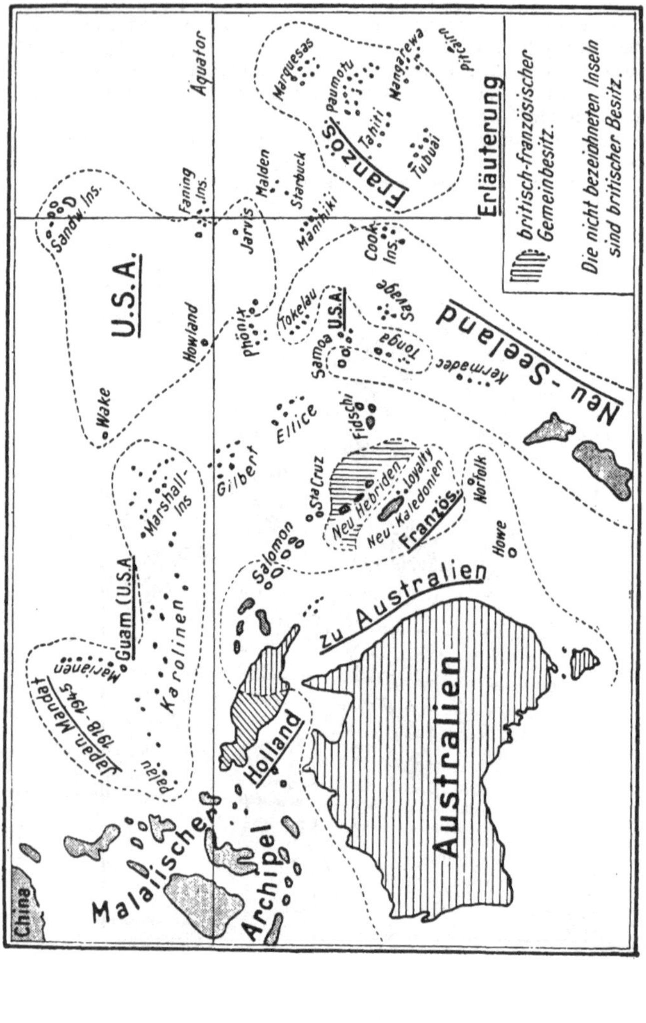

Skizze 10: Politische Gliederung des austral-ozeanischen Raumes

kenntnisse wird heute im allgemeinen der austral-ozeanische Raum in vier große Gruppen gegliedert:

1. Australien mit Tasmanien; 2. Melanesien; 3. Mikronesien und 4. Polynesien. Diese Gliederung, die vorwiegend ethnographische Belange in den Vordergrund stellt, ist jedoch in bezug auf die Eingliederung der Palau-Inseln und der Marianen in den mikronesischen Raum anfechtbar. Ferner ist durch die Vermischung melanesischer und polynesischer Gruppen auf den beiderseitigen Grenzen die Einschaltung eines Übergangsgebietes erforderlich (Skizze 9).

Die politische Raumgliederung

Ein anderes Bild zeigt die politische Gliederung des Raumes. Die Besitznahme der entdeckten Gebiete durch die Europäer geschah, bis auf die Besetzung der Marianen durch die Spanier im Jahre 1668, erst gegen Ende des 18. Jahrhunderts mit der Gründung der ersten britischen Strafkolonie an der Ostküste Australiens. Im Verlaufe des 19. Jahrhunderts vollzog sich sodann die Aufteilung des Raumes zwischen den Ländern Großbritannien, Frankreich, Holland, den USA und 1884–1885 auch Deutschland. Nach dem ersten Weltkrieg wurde Deutschland aus dem austral-ozeanischen Raume ausgeschaltet und seine Besitzungen als Mandatsgebiete unter Japan, Australien und Neuseeland aufgeteilt. Mit dem Abschluß des zweiten Weltkrieges befinden sich 94% des austral-ozeanischen Raumes in den Händen Großbritanniens und seiner Tochterstaaten Australien, Neuseeland, sowie der USA. Damit hat der britisch-australische Gedanke „Australasia“ beachtlich an Boden gewonnen (Skizze 10).

Die Besitzrechte der Länder im einzelnen sind im Anhang II zusammengestellt. Eine im Völkerleben seltene Erscheinung ist die seit vielen Jahrzehnten bestehende britisch-französische Gemeinschaftsverwaltung der Neuhebriden mit den Banks- und Torres-Inseln.

Beschreibung des Raumes

Australien und Tasmanien

Mit einer Gesamtfläche von rund 7,7 Millionen qkm, einschließlich von Tasmanien, und einer Einwohnerzahl von etwa 8,1 Millionen Menschen ist Australien der kleinste und am schwächsten besiedelte Kontinent unserer Erde. Die erdgeschichtlich frühzeitige Trennung des Landes von den großen Festlandmassen und seine ausgesprochene Randlage abseits der bedeutenden alten Verkehrswege der seefahrenden asiatischen Völker sind die Ursachen einer in vielfachen Beziehungen ausgeprägten Vereinsamung. Auch die Inselbrücke des Malaiischen Archipels hat an dieser Isolierung wenig geändert, da die im allgemeinen schwache Gliederung der australischen Küste, vor allem aber auch das weitgespannte Korallenriff, das Große Barrierriff, und die auf ausgedehnte Strecken wirtschaftliche Armut, gerade der Asien und seiner Inselwelt zugewandten Küstengebiete, sogar auf die kühnen Seefahrernaturen der Malaien und Polynesier abstoßend wirkten. An dieser Tatsache ändert auch nichts das Auffinden von Steinbeilen polynesischer Formen an der Ostküste Australiens. Diese Funde können allenfalls ein vorübergehendes Erscheinen von Polynesiern an der australischen Ostküste belegen. Lediglich die Inselbrücke der Torres-Straße zwischen Neuguinea und dem Kap York sowie die etwas stärkere Gliederung der Nordwestküste Australiens zur Timor-See boten Indonesiern und Melanesiern gewisse Angriffspunkte. Die Folge dieser isolierten Lage Australiens war offensichtlich eine Eigenentwicklung erdgeschichtlich weit zurückliegender Formen der Flora, Fauna und Menschen seiner auf große Zeitspannen abgeschlossenen Räume. Somit kann dieses Land bei seiner Entdeckung durch die Europäer in bezug auf die Entwicklung seiner Flora und Fauna als fossil und der Kulturstand seiner Bewohner als steinzeitlich bezeichnet werden.

Geologische Gliederung

Westaustralien als Teil des Urkontinentes Gondwana, mit dem östlich herangewachsenen Faltungsbereichen der älteren Kaledoniden in Mittelaustralien und Tasmanien sowie der jüngeren Variskiden in Ostaustralien bildeten nach dem anscheinend im Karbon zum Stillstand gekommenen Faltungen einen weiten, über den heutigen Umfang Australiens wahrscheinlich bis zur östlich vorgelagerten Inneren Inselkette hinausreichenden Festlandsblock. Er wurde im frühen Mesozoikum durch Abtragungen zur weiten Ebene geformt. Erst bis in geologisch junge Zeiten hineingreifende vertikale Bewegungen hoben einzelne Teile der Ebene empor, ließen andere versinken und gaben so dem Lande das uns heute gebotene Reliefbild. In der Kreidezeit wie im Auslauf der Tertiärzeit müssen weite Teile Mittel- und Südaustraliens vom Meere überflutet worden sein. Die Bildung der ausgedehnte Gebiete deckenden und teilweise Miozänschichten überlagernden, bis zu 5 m starken Hartkruste der Erdoberfläche muß sodann unter dem Einfluß eines zwischen Trocken- und Regenzeiten wechselnden Klimas begonnen haben. Dieser Vorgang mag durch eine Pluvialperiode unterbrochen worden sein, die vielleicht auch die endgültige Trennung Neuguineas und Tasmaniens von Australien zur Folge hatte. Die Salzseen und Sümpfe Mittel- und Westaustraliens können unter dieser Voraussetzung als Rückstände von Wasserrinnen der letzten Pluvialperiode angesprochen werden.

Die ältesten Formen archäischen Ursprunges zeigen sich noch vorwiegend in Westaustralien. Im östlichen Mittelaustralien treten dahingegen die Kreideformationen des Mesozoikums in den Vordergrund, während sich in Südaustralien die tertiären Ablagerungen erkennen lassen. Jungvulkanische Decken als Zeugen einer bereits im Tertiär zum Stillstand gekommenen vulkanischen Tätigkeit weisen nur Nord-, Ost- und Südaustralien sowie Tasmanien in ver-

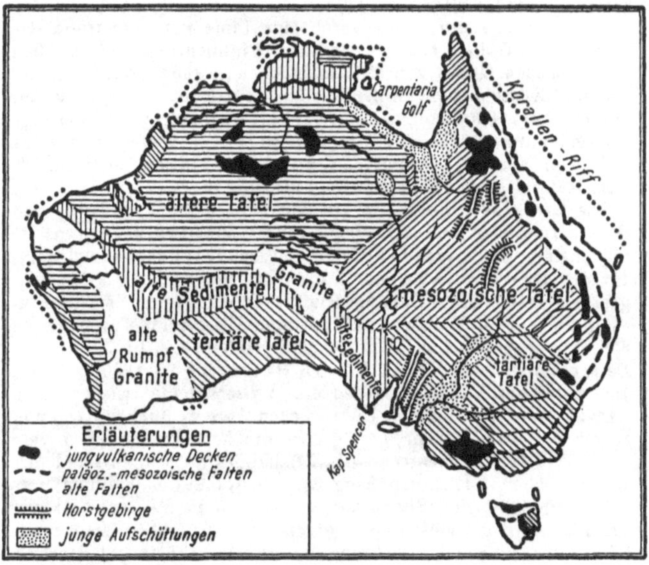

Skizze 11: Geologische Gliederung Australiens

hältnismäßig bescheidenem Umfange auf. Jüngere Aufschüttungen haben sich im wesentlichen nur in den Niederungen des Flinders River am Carpentaria-Golf und im Murray-Darling-Stromsystem gebildet.

Oberflächengestalt

Aus dem bis auf die Übergänge nach Neuguinea und Tasmanien nur schmalen Schelfsaum ragt Australien als großräumiges Hochplateau empor mit auf weite Strecken aufgewölbten Außenrändern. Den Mittelraum dieses im Durchschnitt 300 m hohen Tafellandes nimmt eine weite Mulde ein, die am Eyre-See bei 12 m unter dem Meeresspiegel ihren tiefsten Punkt aufweist. Im einzelnen lassen sich drei große Landschaften erkennen: das westliche Tafelland, Mittelaustralien mit der Senke des Eyre-Sees und Ostaustralien mit dem Becken des Murray-Darling und der Australischen Küstenkordillere.

Westaustralien, etwa durch eine Linie vom Westrand des Carpentaria-Golfes bis zur tiefsten Einbuchtung des Großen Australischen Golfes von Mittelaustralien getrennt, bildet bis auf schmale Küstensäume an der Nordwestküste ein zwischen 300 bis 500 m hohes Tafelland. Seine aufgesetzten niedrigen Höhenzüge weisen im allgemeinen eine Streichrichtung von Westen nach Osten oder von Südwesten nach Nordosten auf. Sie können wohl als Überreste ältester Faltungen angesprochen werden.

Die Steilränder dieser, im großen ganzen stark abgetragenen Gebirgszüge sind auf das Wechselklima zurückzuführen, das im allgemeinen Steilstufen nicht verflacht, sondern nur zurückdrängt. Im Mittelraum dieses Tafellandes erheben sich beiderseits des langgestreckten Amadeus-Sees als Rückstand einer in der letzten Pluvialperiode zum Eyre-See abfließenden Wasserrinne zwei bis zu 800 m über die Hochebene ansteigende Höhenzüge. Im Norden des Sees erheben sich die MacDonnell-Ranges bis zu 1500 m Höhe. Ihre östlichen Ausläufer bilden die Wasserscheide zwischen dem Carpentaria-Golf und dem Eyre-Becken. Ihre westlichen Ausläufer setzen sich als schwache, häufig unterbrochene Wellen bis zu dem aufgewölbten Nordwestrand des Tafellandes in Tasman-Land fort und erreichen dort in den King-Leopold-Ranges noch einmal eine Höhe von 850 m. Im Süden des Sees steigen die Musgrave-Ranges bis 1594 m Höhe empor. Sie setzen sich ebenfalls in schwachen Wellen bis zur Randaufwölbung über der Westküste fort. Dort erreichen die nördlichen, meist von Südwest nach Nordost streichenden Ketten im Mount Bruce noch einmal 1226 m Höhe, während im Mittelraum der Westküste die im allgemeinen von Osten nach Westen streichenden Bergzüge im Mount Augusta bis zu 1090 m und in den Robinson-Ranges bis zu 1036 m Höhe ansteigen. Die Randaufwölbungen des südlichen Teiles des Westtafellandes, die Herrschel- und Darling-Ranges, erreichen ebenfalls noch einmal Höhen bis zu 1122 m. Schließlich erheben sich über dem Westteil der Südküste die Stirling-Ranges bis zu 1070 m Höhe.

Durch die mittleren Höhenzüge wird Westaustralien in drei weitläufige, bis auf wenige Salzseen und -sümpfe wasserlose Wüstengebiete aufgeteilt. Im Norden liegt die Große Sandwüste, die im Nordwesten an der flachen „80-Meilen-Küste" das Meer erreicht. In der Mitte breitet sich die Gibson-Wüste aus, während den Südteil die Große Victoria-Wüste einnimmt. Sie fällt in einer Gesamtneigung von Norden nach Süden über eine deutlich hervortretende Stufe zur Nullarbor-Ebene ab und endet in einem bis zu 100 m hohen Steilrand über dem Großen Australischen Golf.

In dem weiten Raum Westaustraliens, der etwa einem Drittel des europäischen Kontinents entspricht, weisen allein die Nord- und Westküste einige wenige unbedeutende Flüsse auf. Sie führen im allgemeinen nur in der Regenzeit Wasser und erscheinen in der Trockenzeit meist nur als eine Kette weit voneinander entfernt liegender Wasserlöcher. Jedoch bieten verschiedene artesische Wasserbecken (siehe Skizze 17) die Möglichkeit einer Verbesserung der Wasserversorgung.

Mittelaustralien umfaßt das ebene Eyre-Becken mit den südlich vorgelagerten Seen über dem Rumpfe der Eyre-Halbinsel. Von der Wasserscheide zum Carpentaria-Golf, den Osträndern der MacDonnell- und Musgrave-Ranges im Westen und der im Osten durch die Grey- und Barrier-Ranges gebildeten Wasserscheide zum Murray-Darling-Stromsystem führen bis zu 1000 km lange Wasserrinnen strahlenförmig zur Senke des Eyre-Sees. Alte Uferterrassen an diesem See lassen seinen früheren Abfluß zum Torrens-See erkennen. Er stand seinerseits wohl mit den übrigen Seen am Rumpf der Eyre-Halbinsel in Zusammenhang und führte seine Wasser zum Spencer-Golf. Heute erscheinen die Seen in diesem weiten Raum als große Salzsümpfe und in den Trockenzeiten sogar nur als Salzflächen. Die Zuflüsse zum Eyre-See, wie der Macumba, der Eyre-Creek, der Müller- oder Diamantina-River sowie der Coopers-Creek erreichen in der Trockenzeit nur selten den See, sondern versickern im Boden oder lösen sich in Wasserlöchern auf. Somit ist das Gesamtgebiet Mittelaustraliens um den Eyre-See Steppenland und nördlich des Sees sogar ausgesprochene Wüste, während die

Eyre-Halbinsel aus den vorgelagerten Seen noch so viel Feuchtigkeit schöpft, daß auf ihr Hartlaubgewächse gedeihen. In neuer Zeit wird der Raum östlich des Eyre-Sees als Teilgebiet des Großen Artesischen Hauptbeckens (siehe Skizze 17) in zunehmendem Umfange durch artesische Brunnen künstlich mit Wasser versorgt.

Ostaustralien umschließt das südöstliche Zuflußgebiet zum Carpentaria-Golf, die fast 3500 km lange Australische Küstenkordillere und das durch die Grey- und Barrier-Ranges und die Flinders-Ranges von Mittelaustralien getrennte Murray-Darling-Stromsystem. Die Küstenkordillere als aufgewölbter Ostrand des australischen Plateaulandes steigt vom fast durchweg schmalen Küstensaum über schwer zu überwindende Steilhänge bis zu Höhen zwischen 1000 und 2000 m empor und geht nach Westen allmählich in das Hügelland der Downs über.

Ein im Norden die Wasserscheide zwischen dem Carpentaria-

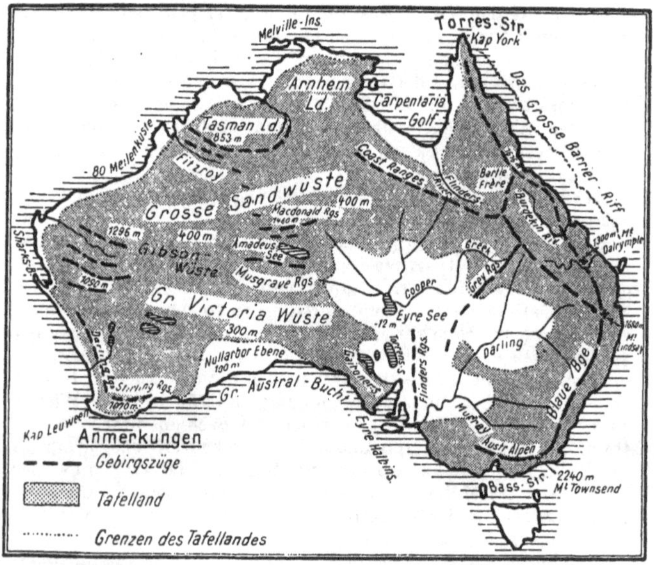

Skizze 12: Oberflächengestalt Australiens

Golf und Mittelaustralien bildender Gebirgszug erstreckt sich über die Coast-Ranges in schwachen Wellen bis zum Arnhem-Land, während ein in der Mitte der Kordilleren ansetzender Südweststrang die Wasserscheide zum Eyre-See darstellt. Abgesehen von dem östlichen Steilhang und den südlichen Erhebungen der Australischen Alpen zeigen die Gebirgskämme im allgemeinen abgerundete Mittelgebirgsformen.

Die bedeutendsten Glieder der langgestreckten Gebirgskette sind im Süden die im Mount Townsend oder Mount Kosciusko bis zu 2255 m ansteigenden Australischen Alpen, deren Formen an die europäischen Alpen erinnern. Ihnen schließen sich die Blauen Berge mit einer mittleren Höhe um 1000 m und die im Mount Lindsay 1680 m Höhe erreichenden New-England-Ranges an. Bei Brisbane teilen sich sodann die Kordilleren. Der östliche Strang folgt weiter der Küstenlinie und erreicht im Dalrymple abermals eine Höhe von 1300 m.

Die nördlich anschließenden Seaview-Ranges mit dem 1230 m hohen Mount Elliot im Süden und dem 1658 m hohen Mount Bartle Free treten unmittelbar an die Küste heran, um dann allmählich in der Kap-York-Halbinsel auf Mittelgebirgshöhen herabzusinken. Der westliche Strang umschließt zunächst ein welliges Hügelland mit den Tälern der bedeutendsten Flüsse der Ostküste wie dem Mackenzie-River und dem Burdekin und geht sodann in die Wasserscheide zwischen dem Carpentaria-Golf und dem Eyre-Becken über, während eine nördliche Abzweigung dieses Stranges zum Mount-Bartle-Free die Wasserscheide zwischen dem Flinders-River und dem Burdekin bildet. Etwa vom 135. Grad östlicher Länge bis zum Kap York umschließen die nördlichen Ausläufer der Küstenkordilleren halbkreisförmig den Carpentaria-Golf, zu dem sie neben dem Flinders-River eine ganze Anzahl kleinerer Flüsse entsenden.

Zwischen dem südlichen Teil der Kordilleren und der Wasserscheide zum Eyre-Becken breitet sich das rund 910000 qkm umfassende, also etwa der doppelten Größe von Frankreich entsprechende Stromgebiet des Murray-Darling aus, dessen Hauptstrom der Murray südöstlich Adelaide das Meer erreicht. Von den beiden großen Flüssen ist der Murray die Hauptwasserader, während der 2450 km lange Darling in der Trockenzeit auf weite Strecken im Sande verrinnt. Beide Flüsse werden durch zahlreiche Zweigrinnen zur Bewässerung des Kulturlandes herangezogen.

Diese natürliche Wasserhaltung der Oberfläche wird im bedeutenden Umfange nördlich und südlich des Murray-Tales durch artesische Brunnen ergänzt. (Siehe Skizze 17.)

Im ganzen gesehen ist Ostaustralien gegenüber den anderen Landschaften in der Wasserhaltung bevorzugt. Aber sie genügt auch dort nicht immer den Bedürfnissen der Landwirtschaft.

Tasmanien, in seinem Grundstock wahrscheinlich ein Teil des kaledonischen Gebirges von Mittelaustralien, läßt im Westen wie

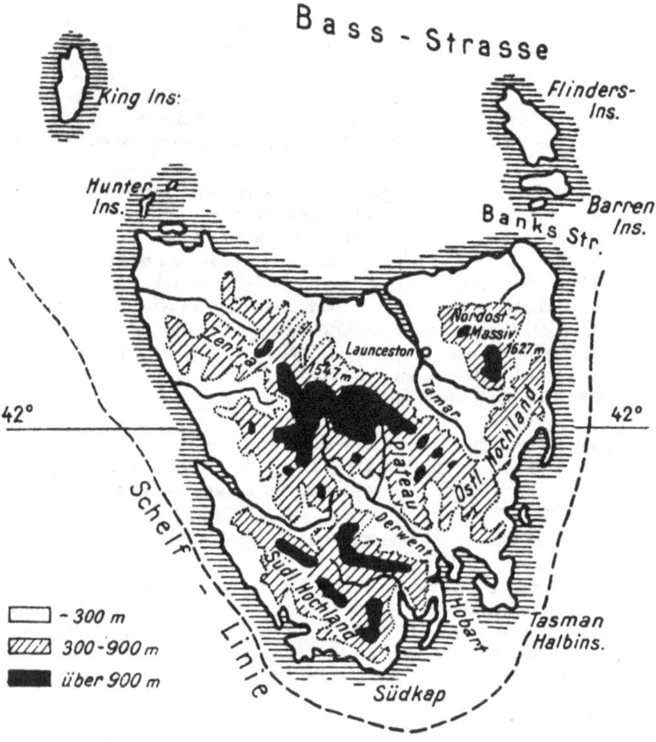

Skizze 13: Oberflächengestalt Tasmaniens

auch im Nordosten präkambrische und altpaläozoische Gesteine erkennen. Sie werden vor allem in der Mitte und im Südosten von permokarbonischen und mesozoischen Ablagerungen überdeckt. Die Insel ist somit im Ursprung ein Teil der australischen Rumpfscholle und war wie diese den im Mesozoikum beginnenden vertikalen Bewegungen unterworfen. Als Ganzes stellt die Insel einen Horst dar, dessen einstige Zusammenhänge mit der australischen Kordillere durch die beiden die Baß-Straße durchquerenden Inselreihen hervorgehoben werden. Keineswegs vor dem Pleistozän, wahrscheinlich erst in der letzten Pluvialperiode vollzog sich die Trennung der Insel vom Festlande.

Während in den Randgebieten der Insel die jüngere Decke durch Abtragungen fast völlig verschwunden ist, bilden vorwiegend tertiäre vulkanische Decken den Kern des tasmanischen Berglandes. Es wird durch tief eingeschnittene Flußtäler in das 1543 m hohe Zentralplateau mit den Abzweigungen des südlichen und östlichen Hochlandes sowie in das isolierte bis zu 1527 m hohe Nordostmassiv zerlegt. Wohl in Verbindung mit den die Trennung der Insel von dem Festlande verursachenden Senkungen drang das Meer vor allem im Süden weit in die Täler hinein und gab der im ganzen wesentlich stärker als in Australien gegliederten Küste ihre heutige Gestalt.

Klima

Nach ihrer geographischen Lage beiderseits des südlichen Wendekreises zwischen dem 10. und 40. Grad südlicher Breite müßten Australien und Tasmanien im nördlichen Teil ein tropisches bis subtropisches Klima und im Süden ein gemäßigtes Klima aufweisen. Tatsächlich verläuft jedoch die 20°-Jahresisotherme im Durchschnitt etwa in Höhe des 28. Grades südlicher Breite, also ungefähr um 5 Breitengrade südlich des Wendekreises. Damit liegen an drei Fünftel des Kontinents im Bereich der heißen Zone, und das Gebiet der Subtropen wird teilweise bis zum 32. Grad südlicher Breite nach Süden verlagert.

Im Januar, dem im allgemeinen wärmsten Monat des Sommers, liegt die 20°-Isotherme beinahe über der Südküste von Australien am 34. Grad südlicher Breite. Im Juli weicht sie nach Norden bis zum Südrand des Tasman-Landes, der Südküste des Carpentaria-Golfes und dem Rumpfansatz der York-Halbinsel am 19. Grad südlicher Breite zurück. Die Ursachen dieser im Verhältnis zur Lage Australiens hohen Temperaturen sind die starke Überhitzung der nur schwachgegliederten ebenen Landmasse und damit verbunden die vorherrschenden Luftdruckverhältnisse.

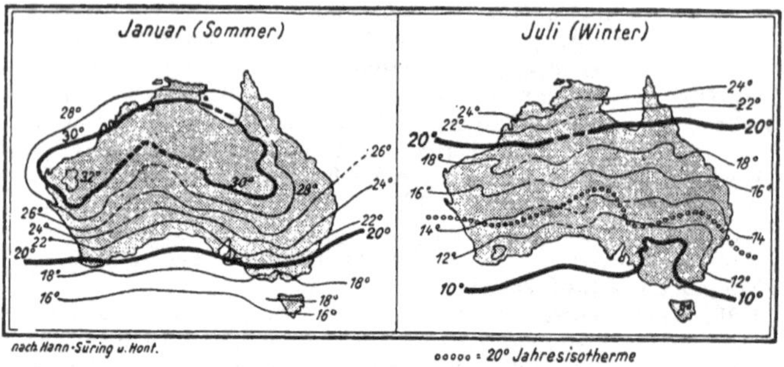

Skizze 14: Australien: Isothermen

Luftdruck und Winde bestimmen den Umfang der Niederschläge und somit auch die außerordentliche Trockenheit des Landes. Das in den Sommermonaten vom November bis April vorwiegend über dem Arnhem-Land liegende Tief zieht zwar den regenfeuchten Nordostmonsum in das Land. Doch seine Regenmassen erschöpfen sich im wesentlichen bereits über dem Arnhem-Land und der Nordspitze der Kap-York-Halbinsel, während nur geringe Niederschläge bis etwa zum Wendekreis vordringen.

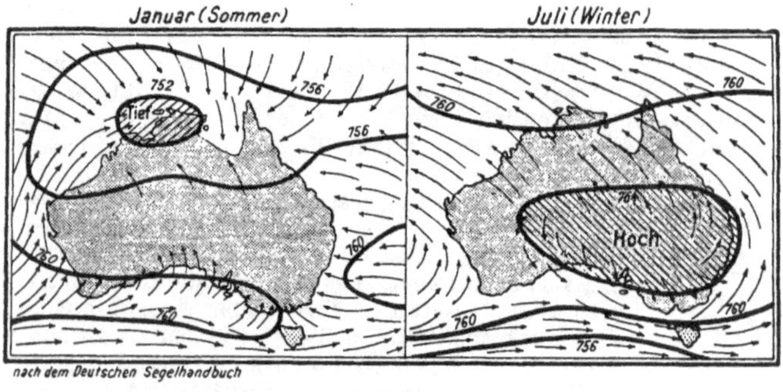

Skizze 15: Australien: Luftdruck und Winde

Das dahingegen in den Wintermonaten, vom Mai bis Oktober, im allgemeinen über Mittel- und Südaustralien lagernde Hoch ist die Ursache von innen nach außen strömender Landwinde. Sie vereinigen sich im Nordosten mit den Südostpassaten und prallen im Süden auf die steten, über dem Südmeer wehenden Westwinde. Dadurch entstehen in den Randgebieten zwischen den beiden Windströmungen die Südaustralien eigenen Winterregen, während die an der Ostküste nach Norden ziehenden Winde bis zum Rande der Australischen Kordilleren Regen abladen. Winterschneefälle treten im allgemeinen nur in den Australischen Alpen und auf Tasmanien in Erscheinung, in Ausnahmefällen auch in weiteren Gebieten Südost- und Südwestaustraliens. Winterfröste werden nur in der südlichen Hälfte Australiens verzeichnet. Sie treten an der mittleren Ostküste nur im Juli, im südlichen Gebiet der Ostküste vom Juni bis August und in den Südteilen von Neu-Süd-Wales bis zu 4 Monaten innerhalb der Winterzeit auf. Um Melbourne und auf Tasmanien wie auch auf den Höhen der Blauen Berge und der Australischen Alpen stellen sich gelegentlich Dauerfröste ein. Das ausgesprochene Kontinentalklima Mittelaustraliens hat schließlich in den heißen Trockengebieten oft beachtliche nächtliche Abkühlungen mit Temperaturschwankungen bis zu 40° innerhalb von 24 Stunden zur Folge.

Eine weitere Eigenart des australischen Klimas sind verheerende Trockenperioden und Wolkenbrüche. Die vielfach in Verbindung mit Glutwinden und Staubstürmen stehenden Zyklonen werden in Australien Willy-Willies genannt. Trockenperioden mit den für die Landwirtschaft katastrophalen Folgen ereignen sich fast regelmäßig in Zeitspannen von drei bis vier Jahren. Ihre Ausdehnung ist im allgemeinen örtlich begrenzt, soweit das die Trockenheit verursachende Hochdruckgebiet im östlichen Mittelraum liegt. Bei einer südlichen Verlagerung des Hochdruckes wird sodann auch der Süden in Mitleidenschaft gezogen.

Den mit den Dürren verbundenen, oft bis zu 50% des Bestandes erreichenden Viehverlusten suchte man in früheren Zeiten durch Abtreiben der Herden zur Küste zu begegnen. Neuerdings führen großzügige Transportbewegungen auf der Eisenbahn zur erheblichen Minderung der früheren Viehverluste.

Die den Pflanzenwuchs versengenden Glutwinde entstehen meist bei einer südlichen Verlagerung des Sommertiefs. Durch das Tief werden die von den Ostkordilleren kommenden Winde angesaugt und treten, nach Abgabe ihrer Feuchtigkeit im Gebirge, als heiße

Fallwinde in die Ebene ein. Dort haben sie oft tagelange Temperatursteigerungen bis zu 43° C zur Folge.

Die Willy-Willies, die im allgemeinen nur wenige Stunden dauern, gelegentlich aber auch einen oder mehrere Tage toben, erscheinen im allgemeinen mit den sommerlichen Nordostmonsunen in Nord- wie Westaustralien und stoßen gelegentlich bis nach Südaustralien durch. Neben wolkenbruchartigen, riesige Überschwemmungen verursachenden Niederschlägen begleiten sie bei ihrem Vordringen in Mittelaustralien ungeheure Staubstürme. Sie treiben den mitgerissenen Sand über Weiden und Felder, durch alle Fenster in die Wohnungen. Schließlich verursachen an der Küste von Neu-Süd-Wales die sogenannten „Southerly Bursters" plötzliche Temperaturstürze zwischen 10—20° C. Sie stellen sich meist in den Abendstunden oder Nachtstunden der Monate September bis Februar ein, wenn in Begleitung eines Hochdruckgebietes über Victoria die Seewinde durch eine V-förmige Depression abgelenkt werden.

Aus der Verteilung der Niederschläge und den auftretenden Temperaturen ergibt sich die Gliederung Australiens in:

I. das tropische Regengebiet Nordaustraliens bis etwa zum 17. Grad südlicher Breite,
II. das die Masse Australiens einnehmende Gebiet des heißen Trockenklimas,
III. das subtropische Regenklima der ostaustralischen Küste und
IV. das gemäßigt warme Klima Südaustraliens und Tasmaniens.

Eine weitere Unterteilung des südaustralischen Klimagebietes könnte auf der Grundlage der Aufgliederung der jährlichen Niederschlagsmengen auf die einzelnen Monate vorgenommen werden. So haben z. B. Perth und Adelaide vorwiegend Winterregen, während sich um Melbourne und Hobart auf Tasmanien die Niederschläge fast gleichmäßig auf das ganze Jahr verteilen.

In Verbindung mit den klimatischen Verhältnissen Australiens ist noch die natürliche und künstliche Wasserversorgung darzulegen. Das ausgesprochene Trockenklima mit seinen in weiten Räumen geringen Niederschlägen und den starken Verdunstungserscheinungen ist die Ursache des im allgemeinen ungünstigen Standes der Wasserversorgung. Die in den tropischen Regengebieten des Nordens und in den subtropischen Regengebieten der Ostküste vorhandenen Flüsse führen zwar im allgemeinen das ganze Jahr hindurch Wasser und sind sogar teilweise auf kurze Strecken schiffbar, doch betragen diese in der natürlichen Wasserhaltung

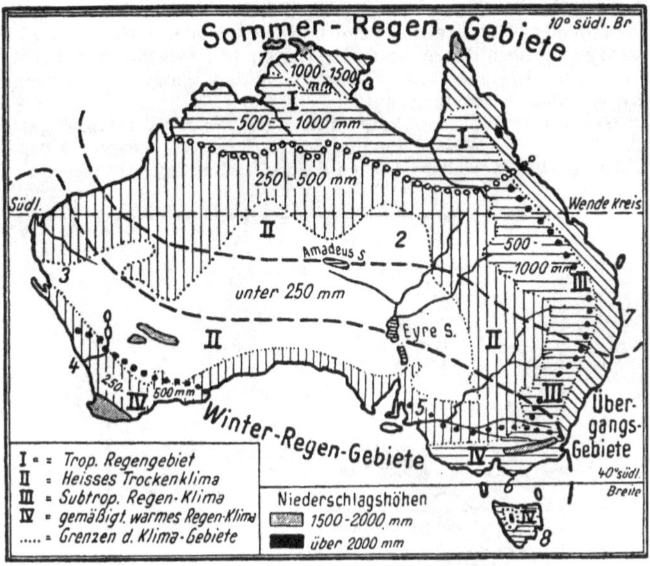

Skizze 16: Australien: Klima und Regenkarte

	Temperaturen			Regenmengen mm		
	Jan.	Juli	Jahr	Jan.	Juli	Jahr
1. Port Darwin	+ 29.0° C	+ 25,0° C	+ 28,0° C	450	10	1625
2. Alice Springs	+ 28,0° C	+ 12.0° C	+ 22,0° C	40	10	286
3. Carnarvon	+ 27,0° C	+ 17,5° C	+ 22,5° C	5	50	206
4. Perth	+ 24.0° C	+ 13,0° C	+ 18,0° C	10	160	859
5. Adelaide	+ 23,0° C	+ 11,0° C	+ 17,0° C	15	60	535
6. Melbourne	+ 19,0° C	+ 9;0° C	+ 14.5° C	50	45	652
7. Brisbane	+ 25,0° C	+ 15.0° C	+ 21,0° C	160	60	1155
8. Hobart	+ 17,0° C	+ 8,0° C	+ 12,5° C	45	55	600

begünstigten Gebiete kaum ein Fünftel des australischen Gesamtraumes. Die übrigen Gebiete von der Größe etwa halb Europas weisen, bis auf das Murray-Darling-Stromsystem, nur zeitweise wasserführende Flüsse auf. Oft fallen die an und für sich für den betreffenden Raum ausreichenden Niederschläge in Gestalt wolkenbruchartiger Regen, so daß verheerende Überschwemmungen entstehen. Die auf große Flächen verteilten Wassermassen versickern und verdunsten schnell.

Der Murray und seine Hauptzuflüsse Darling und Murrumbidgee empfangen ihre Wasser aus den begünstigten Regengebieten der Australischen Kordillere. Doch auch der Darling trocknet im Som-

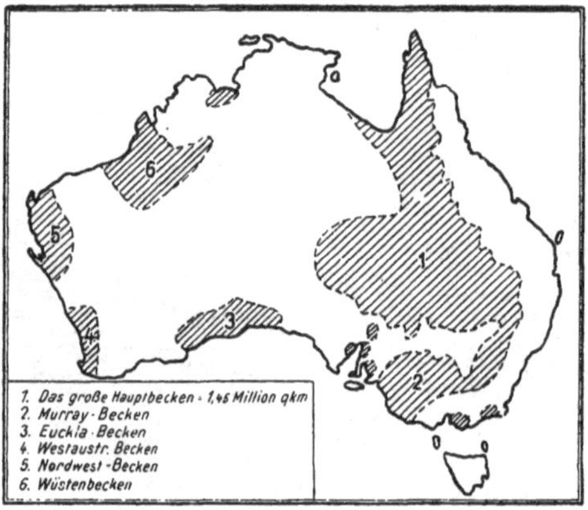

Skizze 17: Die artesischen Wasserbecken Australiens, Gesamtumfang: 2,48 Millionen qkm

mer auf weite Strecken aus, und nur der Murray ist in Teilen seines Unterlaufes schiffbar. Alle drei Hauptflüsse dieses Stromsystems werden durch Stau- und Wasserverteilungsanlagen zur künstlichen Bewässerung ihres Umlandes herangezogen, ohne jedoch den Wasserbedarf decken zu können. In Victoria werden auf diese Weise etwa 500 000 Acres künstlich bewässert. Um so größer ist der Schaden, wenn auch der Murray versiegt, wie es in dem großen Trockenjahr 1914—1915 geschah.

Am größten ist der Wassermangel in Mittel- und Südaustralien. Dort gibt es überhaupt keine Wasserläufe. Die Entdeckung ausgedehnter artesischer Wasserbecken und ihre teilweise Erschließung hat in einigen Landesteilen den Wassermangel gemildert. Die gewonnenen Wassermengen werden jedoch vor allem zur Deckung des Trinkwasserbedarfs von Mensch und Vieh benötigt und können daher meist nur in geringem Umfange zur Bodenbewässerung herangezogen werden.

Die Bodenuntersuchungen haben bisher ergeben, daß diese unterirdischen Wasserbecken vorwiegend zwischen den mesozoischen und paläozoischen Schichten zu finden sind. Besonders im Bereich des großen artesischen Hauptbeckens werden die 50—80° heißen Wasser unter beachtlichem Druck in dickem Strahl ausgeworfen. Allein dieses Becken speist heute etwa 6000 Brunnen, deren Rohre stellenweise über 1000 m in die Tiefe führen. Der Wasservorrat der bisher in einem Gesamtumfang eines Drittels des australischen Festlandraumes erkannten artesischen Gebiete ist noch nicht planmäßig erschlossen. Die teilweise bereits festgestellte Abnahme der Wasserlieferung in Höhe von 6—7% im Jahre läßt erkennen, daß diese Vorräte nicht unerschöpflich sind. Nach dem augenblicklichen Stand der natürlichen und künstlichen Wasserversorgung werden 24% Australiens als wertlose Wüste, 20% als in der Trockenzeit wertloses Land, 17% als tropisches Gebiet vorwiegend für farbige Siedler und 39% als für weiße Siedler geeignet angesehen.

Flora und Fauna

Im wesentlichen zwei Faktoren bedingen die Eigenarten der Flora und Fauna Australiens. Die erdgeschichtlich frühzeitige Trennung Australiens von den übrigen Festlandsmassen der Erde ist die Ursache einer auf fossiler Grundlage erfolgten Eigenentwicklung der Pflanzen und Tiere, während das Trockenklima diese Entwicklung in bestimmte Bahnen lenkte. Auf der Grundlage der klimatischen Verhältnisse ergeben sich in Australien sieben verschiedene Vegetationszonen.

Wenn sich auch in den tropischen Regenwäldern Nordaustraliens Zusammenhänge mit der malaiischen Pflanzenwelt, in Südwestaustralien mit der Kapflora Südafrikas und in Ostaustralien durch die Araukarienbestände mit Ozeanien und Südamerika erkennen lassen, so sind doch 85—90% der australischen Pflanzen als endemisch zu bezeichnen. Diese Eigenständigkeit der Vegetation tritt besonders in Westaustralien in Erscheinung. Dort weisen die Landschaften sogar innerhalb Australiens viele eigene Pflanzenformen auf. Diese Erscheinung ist vielleicht auf die Überflutung Mittelaustraliens in der Kreidezeit und damit auf die zeitweise Trennung von West- und Ostaustralien zurückzuführen.

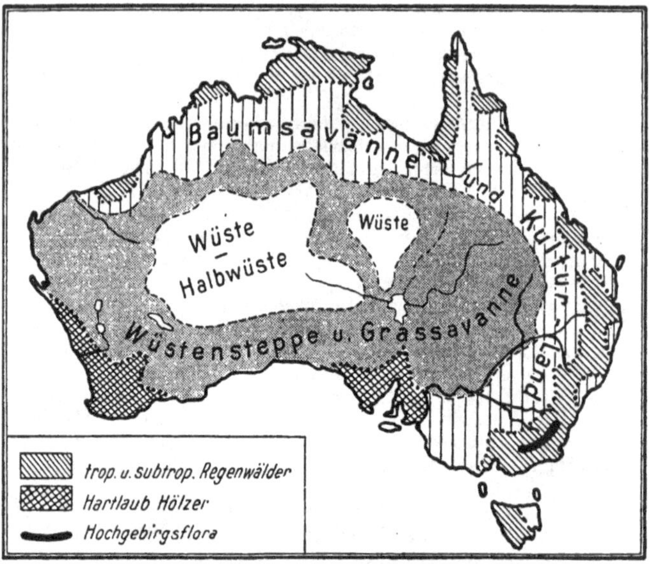

Skizze 18: Vegetationszonen Australiens

Für Australien charakteristisch sind unter anderen die Grasbäume (Kingia australis) mit ihren großen Grasbüscheln auf 6 bis 9 m hohem Stamme, die lärchenähnlichen, von den Australiern „Wüsteneichen" genannten Kasuarinen, ferner die in verschiedenen Formen, von Strauchhöhe bis zu über 100 m hohen Stämmen vorkommenden Eukalypten oder Gummibäume und die in groben Büscheln auftretenden Spinifexgräser. In Nordaustralien säumen vielfach Mangroven die Küsten. In den Tropenwäldern sind mächtige Laubbäume und Palmen durch Palmenlianen und andere Schlingpflanzen zu einem fast undurchdringlichen Dickicht vereinigt. Tarrietia argyrodendron, ein riesiger Baum mit breiten Faltwurzeln und silberglänzender Blattunterseite, verschiedene Ficusformen, Proteazeen und Laurazeen sowie auch Bambusgewächse und auf Stützwurzeln ruhende Schraubenbäume (Pandanus) mit ihren spiralenförmig aufgesetzten Blättern sind die großen Vertreter der Urwaldpflanzen.

In den subtropischen Regenwäldern der australischen Ostküste stehen neben den Eukalypten prächtige Farnbäume, hohe Buchen, Palmen und Araukarien. Brombeeren treten dort als Kletterpflanzen auf.

Die Baumsavannen mit hohen Eukalyptusbeständen, den eigenartigen Grasbäumen und dichten Rasenmatten erscheinen wie weitläufige Parklandschaften. In ihrem Bereich treten besonders im Murray-Darling-Stromgebiet Galeriewälder auf. Nach dem Innern zu gehen die Baumsavannen in die Grassavannen und Wüstensteppen über. Die Grassavannen mit geringen Eukalyptusbeständen und hohen Gräsern sind die Hauptweideflächen der riesigen Schaf- und Rinderherden Australiens. Sie prangen nach dem Einsatz der Regenzeit im üppigsten Grün und verschwenderischer Blumenpracht, gewähren aber in Trockenperioden häufig den Anblick einer trostlosen verdorrten Landschaft.

Weite Flächen der Wüstensteppe, besonders in den Gebieten der Seen zeigen die Australien eigenen Formen der Scrubs. Auf steinigem, rasenlosem Boden bilden knorrige, 3–4 m hohe Büsche mit sperrigem Astwerk ein unübersehbares und nur zu Fuß durchquerbares Ödland. Verkrüppelte Eukalypten, Akazienbüsche oder wie im Raume der MacDonnell-Ranges auch Dornbüsche erweisen sich als überaus verkehrsfeindlich. Gelegentlich werden die knorrigen harten Wurzeln als Brennholz oder die kurzen Stämme örtlich als Grubenholz genützt.

In Südaustralien, vor allem in der Nullarborebene, treten vielfach an Stelle der Bäume und Akazienbüsche die 1–1,5 m hohen Salzbüsche und die wegen ihrer bläulichen Blattfärbung sogenannten Blaubüsche in Erscheinung. Sie werden teilweise von den Schafen mit Vorliebe gefressen.

Die eigentliche Wüstensteppe oder Halbwüste weist die in Büscheln stehenden harten Spinifexgräser und die Kasuarinen auf. Ihre Stämme finden in dem holzarmen Lande teilweise örtlich als Bauholz Verwendung. Wasserlöcher oder gelegentlich stärkere Niederschläge gestatten jedoch auch in diesen Ödländern das Aufkommen nutzbarer Gräser und anderer Pflanzen.

Fast völlig vegetationslos sind allein die großen Steinwüsten mit ihren Geröllmassen aus Blöcken der zerfallenen Hartkruste. Ihre Durchquerung ist wegen des völligen Wassermangels außerordentlich schwierig und auch durch das Geröll für Kraftwagen fast ausgeschlossen. Aus Indien eingeführte Kamele haben sich dort als beste Verkehrsmittel erwiesen.

Alpine Pflanzenformen weisen lediglich die Australischen Alpen auf. Ihre Hänge bis zu 1200 m Höhen decken Eukalyptus- und Farnwälder, sodann bis 1700 m Eukalypten und Buchen, die in noch höheren Lagen niedrige und knorrige Krummholzformen annehmen. Sie vermischen sich teilweise mit den stachligen, 1 bis 1,5 m hohen Halbsträuchern (Brassica microphylla). Den Übergang zur Staudenvegetation mitteleuropäischer Bergpflanzen folgen schließlich weite Alpenmatten mit manchen eigenständigen Gräsern und Blumen. Sie steigen an den Westhängen tiefer hinab als im Osten.

Tasmanien zeigt im allgemeinen Südostaustralien ähnliche Pflanzenformen mit den durch die Südlage bedingten Veränderungen. Während die Palmen dort fehlen, treten verschiedene der Insel eigene Nadelhölzer in Erscheinung. Einen größeren Raum nehmen Buchen ein, unter ihnen Fagus gunnii mit myrtenartigem Laub. Sie bilden im Innern ausgedehnte Buschbestände. Die Gebirge weisen subalpine Pflanzenformen auf.

Alle in der Alten Welt bekannten Nutz- und Kulturpflanzen fehlten ursprünglich in Australien. Auch die sonst in den Steppen vorkommenden Zwiebelgewächse sind nur im geringen Umfang vorhanden. Neben verschiedenen Wurzeln, wilden Getreidearten, Flechten, Pilzen und Beeren dienen die großen Nüsse der Bunya-Bunya, einer Nadelholzart (Araukaria bidwilli), den Eingeborenen als Nahrung. Eine Art Stärkemehl zur Brotbereitung wird aus der Sporenfrucht eines Wasserfarns (Marilia Nardu) gewonnen.

Von den eingeführten Kulturpflanzen haben besonders Weizen, Reis und Zuckerrohr, daneben Weintrauben, Korinthen, Melonen, Ananas, Bananen, Zitronen, Orangen wie auch Aprikosen, Pfirsiche, Äpfel und Birnen gute Erträge gebracht und wirtschaftliche Bedeutung gewonnen.

Die Fauna Australiens erscheint in noch höherem Maße als die Flora eigenständig. Zum mindesten wirken die Eigenarten ihrer Formen auffallender als die der Flora. Insbesondere unterscheidet sich Australien durch seine Säugetiere von den anderen Erdteilen. Gemeinsam mit diesen besaß Australien bei dem Auftreten der Europäer lediglich verschiedene Fledermausarten, Mäuse und den Wildhund, den Dingo. Es ist jedoch sehr wahrscheinlich, daß diese Tiere erst in verhältnismäßig junger Zeit Australien erreichten. Bei dem Dingo scheint es sich um ein verwildertes Haustier zu handeln, den vorgeschichtliche Einwanderer mitbrachten. Die Fledermäuse konnten wohl leicht über die Inselbrücke der Torres-Straße einfliegen. Die bedeutendste Erscheinung der australischen Tierwelt sind die in 97 Arten vertretenen Beuteltiere und Kloakentiere. Von ihnen kommen jedoch nur 36 Arten in Westaustralien vor. 14 Arten sind allein dort eigenständig. Es wird angenommen, daß die Beuteltiere erst nach dem Austrocknen des mittelaustralischen Kreidemeeres von Ost- nach Westaustralien wanderten und sich dort unter den veränderten klimatischen Bedingungen die 14 Westaustralien eigenen Arten entwickelten. Zu den bekanntesten in Australien beheimateten Beuteltieren gehören vor allem die Känguruhs in den verschiedensten Arten, von dem 3 m langen Riesenkänguruh über das weitverbreitete Wallaby bis zur hasengroßen Känguruhratte. Andere Beuteltiere Australiens sind die große Beutelmaus (Wombat), Beuteldachse und Beutelmarder, die Beutelratte (Opossum) und der kleine, wegen seiner Possierlichkeit gern gesehene Beutelbär (Koala). Zu den Kloakentieren gehören das in Nordaustralien beheimatete Schnabeltier und der Ameisenigel als niedrigste aller Säugetiere. Sie pflanzen sich durch Eierlegen fort.

Dieser Armut Australiens an Säugetieren steht der Reichtum der Vogelwelt gegenüber. Sie übertrifft mit 630 Vogelarten Europa um 130 Arten. Unter den eigenständigen Arten sind vor allem die dreizehige, bis zu 1,5 m groß werdende Straußenart, der Emu, der Schwarze Schwan und die ihre Eier nicht selbst ausbrütenden, sondern sie in Komposthaufen einbettenden Scharr- oder Großfußhühner zu erwähnen. Im Nordosten Australiens lebt ein anderer Laufvogel, der Kasuar. Dort sind auch verschiedene Taubenarten sowie der Leierschwanz anzutreffen. Sehr zahlreich vertreten sind die besonders buntfarbigen Papageienarten und die am weitesten verbreiteten Kakadus, unter ihnen als schönster der australischen Papageien der Papageienkönig (Aprosmictus scapulatus) sowie viele Sittiche. Beachtlich ist auch der Reichtum an Wasservögeln. Enten, Gänse, verschiedene Reiherarten, Schlangenhalsvögel und Kraniche bevölkern die Schilfdickungen der Seen. Im Rohrbusch der Lagunen lebt einer der wenigen Singvögel Australiens, der Rohrsperling. Ein anderer beliebter Singvogel ist der schwarzweiße Magpie, eine Elsterart. Unter den verschiedenen Arten von Raubvögeln ist der große australische Adler zu erwähnen, der sich gelegentlich auch am Aas sättigt. Während die Vogelwelt Australiens stark mit der von Neuguinea übereinstimmt, sind die Reptilien Australiens wiederum sehr eigenständig. Im tropischen Norden ist das Leistenkrokodil anzutreffen. Weit verbreitet sind die verschiedenen Eidechsenarten, deren größte, die Krageneidechse, bis 1,5 m lang wird. Von 85 vorkommenden Schlangenarten sind fast zwei Drittel giftig. Im Verruf stehen besonders die auf sandigen Böden lebenden Todesottern, die im Sumpflande vorkommende, bis zu 1,8 m lange Schwarzschlange und die in den Australischen Alpen sich zeigende Kupferkopfschlange. Die größte Schlange Australiens ist die ungiftige, bis zu 5 m lange Teppichschlange, eine Pythonart.

Weniger zahlreich vertreten sind wiederum die Süßwasserfische. Sie kommen vorwiegend nur in Ostaustralien vor, so unter anderen der Süßwasserhering und der bis zu 40 kg schwere Kabeljau. Der eigentümlichste Fisch ist der in wenigen Flüssen von Queensland lebende Burnett Salm, ein nur in Australien noch lebender Lungenfisch, dessen Verwandte in Triasformationen Europas, Indiens und Asiens gefunden werden.

Die Insekten dagegen sind in zahlreichen Arten vertreten und bilden stellenweise eine ausgesprochene Landplage. Neben Skorpionen und giftigen Spinnen, darunter eine schwarze Spinne mit scharlachroten Rückenzeichen, deren Biß Lähmungen verursacht, sind Moskitos allein in 50 Arten vertreten. Die Anopheles als Malariaüberträger und auch die Stegomya als Überträgerin des Gelben Fiebers sind weit verbreitet. Von der starken Fliegenplage berichten bereits die ersten Entdecker Australiens. Nicht minder zahlreich und störend treten Ameisen auf, während Termiten an Holzhäusern und Möbeln erheblichen Schaden anrichten. Auch Heuschrecken, besonders große Arten wie die Gottesanbeterin und die bis zu 35 cm lang werdenden Gespenstschrecken werden zeitweise lästig.

Auffallend ist das völlige Fehlen von Nutztieren. Der gelegentlich bei den Eingeborenen als Hausgenosse auftretende Dingo ist, wie bereits erwähnt, nicht einheimisch. Seine wilden Vettern richten in den Schafherden derartigen Schaden an, daß Dingojäger hochbezahlte Spezialisten in Australien sind.

Die Fauna Tasmaniens entspricht im wesentlichen der Südostaustraliens. Eigenständig sind dort noch der schwarz-weiß gestreifte Beutelwolf und der in Australien ausgerottete Tasmanische Teufel, eine Beutelwildkatze. Andere Tiere wiederum, wie der Emu, sind in Tasmanien ausgestorben.

Mit der Besiedlung Australiens durch die Weißen ergab sich die Notwendigkeit der Einfuhr von Nutzvieh. Sämtliche nach Australien eingeführten Haustiere, wie Schafe, Ziegen, Rinder, Pferde, Schweine, im Norden auch Kamele, haben sich in ihrer neuen Heimat gut eingewöhnt. Ihre Zucht, vor allen der Schafe und Rinder, ist einer der wichtigsten Zweige der australischen Wirtschaft geworden. Vorwiegend die Gebiete der Baum- und Grassavannen sind heute die Weideplätze riesiger Schaf- und Rinderherden.

Als weniger vorteilhaft hat sich die Einfuhr der wilden Kaninchen erwiesen. Im Jahre 1827 eingeführt, haben sie sich binnen weniger Jahrzehnte zu einer fast über ganz Australien verbreiteten Plage entwickelt, gegen die auch die später ausgesetzten Füchse nicht mehr aufkamen. Heute rechnet man mit einem Bestand von 4 Milliarden Kaninchen. In 9 Jahren des vorletzten Jahrzehntes wurden insgesamt 717 Millionen Kaninchenfelle ausgeführt, davon allein 540 Millionen von Südostaustralien. Der z. B. 1935—1936 erzielte Ausfuhrbetrag von 21 Millionen Mark bleibt nach australischen Angaben weit hinter dem von den Kaninchen angerichteten Schäden zurück. Dieses Beispiel einer mißglückten Korrektur des natürlichen Haushaltes läßt erkennen, wie notwendig bei einem Eingriff in die naturgegebenen Verhältnisse die Überprüfung der Entwicklungsmöglichkeiten und in Verbindung damit eines zu schaffenden Ausgleichs sind.

Die Urbevölkerung Australiens

Die Frage der Herkunft der australischen Urbevölkerung ist bis heute noch nicht eindeutig geklärt und wird wohl auch in Zukunft ungelöst bleiben. Im allgemeinen kann die Auffassung einer ursprünglichen Stammesverwandtschaft der Australier mit den Negritos, den Weddiden oder auch den Melanesiern wohl auf der Grundlage einer gewissen Übereinstimmung körperlicher Rassenmerkmale wie auch kultureller Gebräuche angenommen werden. Aber auf jedem dieser Gebiete lassen sich auch wohl belegte gegenteilige Erkenntnisse vorbringen. Zweifellos konnte man einige Rassenmerkmale der negritischen Semang auf Malakka auch bei den inzwischen ausgestorbenen Tasmaniern wiederfinden, wie das kurze Kraushaar, die niedrige Stirn und auch die plattgedrückte Nase. Jedoch fehlten den Tasmaniern anscheinend die typisch wulstigen Lippen der Negritos oder waren zum mindesten weniger stark ausgeprägt. Ferner lassen sich auch einige kulturelle Zusammenhänge zwischen beiden Völkern*, wie z. B. der Gebrauch von Windschirmen als primitivste Form der Behausung feststellen. Dafür waren jedoch den Tasmaniern Bogen und Pfeile der Semang unbekannt.

*) Siehe Buschan, Illustrierte Völkerkunde, und Paul Wirz, Dämonen und Wilde in Neuguinea.

Verschiedene Rassenmerkmale der weddiden Senoi auf Malakka und der Westmelanesier lassen sich auch bei den eigentlichen Australiern erkennen. Zwischen ihnen und den Papuas auf Neuguinea bestehen ferner Zusammenhänge auf kulturellen Gebieten, wie dem Totemismus, gewissen Bestattungsformen, ritualen Sitten, sogar in dem angewandten Zahlensystem. Aber auch den Australiern fehlen die von den Melanesiern verwendeten Bogen und Pfeile. In bezug auf die Waffen könnte vielleicht eingewendet werden, daß sie die Melanesier erst nach der Trennung ihrer Verbindungen mit den Australiern von außen empfingen. Doch deuten gerade die Zusammenhänge in den Sprachen verhältnismäßig junge Verbindungen an. Somit bleibt es unerklärlich, warum die Australier nicht einmal die für ihre Lebenshaltung wichtigen Waffen übernahmen, während sie sich in anderen kulturellen Gebräuchen beeinflussen ließen?

Eine gewisse Bedeutung ist der Auffindung diluvialer Schädel australischen Typs bei Wadjak auf Java zuzusprechen. Zweifellos hatten im Diluvium die Indonesier noch nicht auf Java Fuß gefaßt. Endlich ist die Entdeckung menschlicher Fußspuren und eines Gesäßabdruckes auf einer Sandsteinplatte in 54 m Tiefe unter mutmaßlichen diluvialen Schichten bei Warrnambool in Australien insofern wichtig, als aus diesem Funde, wie übrigens auch aus anderen Funden ältester primitiver Steinwaffen, auf eine Besiedlung Australiens schon im Diluvium geschlossen werden kann. Diese Auffassung wird auch durch die australischen Skelettfunde von Talgai, Cohuna und den Wellington Caves bestätigt. Aus allen mutmaßlichen und wahrscheinlichen Zusammenhängen läßt sich mit einem gewissen Recht die These aufstellen, daß die Australier lange schon vor Beginn der Wanderungen der Indonesier und Polynesier in verschiedenen Wellen, zu verschiedenen Zeiten von Hinterindien her über die damals bestehende Festlandsbrücke des Malaiischen Archipels Australien erreichten. Zur ersten Welle mögen die vielleicht mit den Negritos in Berührung gekommenen Tasmanier gehören. Sie werden von späteren Wellen nach Süden verdrängt und führten schließlich auf Tasmanien nach Abtrennung der Insel vom Festlande ein ausgesprochenes Eigenleben. Auch eine gewisse Übereinstimmung ältester prähistorischer primitiver Steinwerkzeuge einer Klingenkultur auf Malakka mit denen Tasmaniens weisen auf die Wanderung der ersten Welle über Hinterindien hin.

Die zweite Welle, gegebenenfalls auf ihrer Wanderung mit den Weddiden vermischt, wurde sodann von der folgenden dritten

Welle ebenfalls nach Süden verdrängt, zu einer Zeit, da Australien und Tasmanien schon getrennt waren. Eine vierte Einwandererwelle mag wiederum die bereits einheimischen Gruppen Australiens an die Außenränder des Kontinents gedrückt haben, so daß die ältesten australischen Stämme, wie es sich auch aus der Untersuchung der australischen Sprachen zu ergeben scheint, im allgemeinen in den Randgebieten West, Süd- und Ostaustraliens festgestellt wurden.

Ob eine fünfte Wanderwelle mit den Merkmalen später melane-

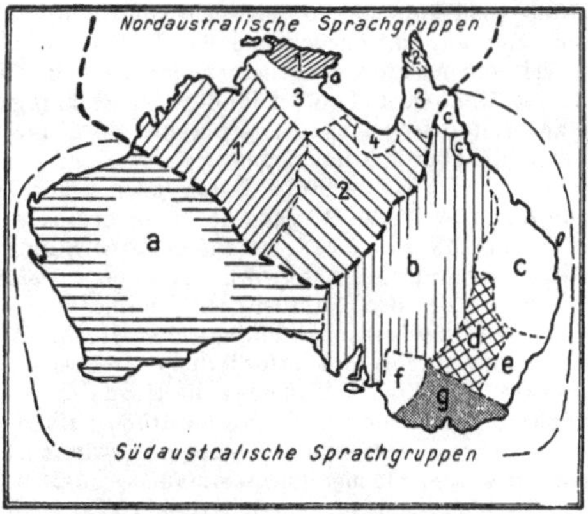

Skizze 19: Australien: Sprachenkarte

1—4 nordaustralische Sprachgruppen
1. Mit konsonantischen Auslauten
2. Mit vokalischen Auslauten
3. Mit sonanten Auslauten (l, r, n)
4. Bundigil-Gruppe

a—g südaustralische Sprachgruppen
a) Südwestgruppe
b) Zentralgruppe
c) Zurückgedrängte Sprachgruppen
d) Wiradjuri-Kamilaroi-Gruppe
e) Yuin-Kuri-Gruppe
f) Narinyeri-Gruppe
g) Victoria-Gruppe, Kulin-Kurnai

sischer und malaiischer Einflüsse über die Inselbrücke der Torres-Straße nach Nordaustralien zog oder nur durch Vorstöße der Papuas und Malaien die kulturelle oder auch mehr oder weniger stark ausgeprägte rassische Beeinflussung der Nordaustralier zustande kam, sogar diese Frage ist umstritten. Daß diese Einflüsse, zum mindesten so weit sie von den Indonesiern kamen, nicht sehr tief gingen, beweist die augenfällige primitive Urform der australischen Kultur. Sie findet allerdings auch bei den Melanesiern auf Süd-Neuguinea eine Parallele.

Alle diese angedeuteten Zusammenhänge — zum mindesten soweit sie nach Hinterindien auf die Negritos und Weddiden weisen — dürfen wohl kaum als unmittelbar angenommen werden. Die Übereinstimmung mit zurückliegenden Formen mußte naturgemäß im weiteren Ablauf der Wanderungen vielfache Wandlungen durch neue Einflüsse und bodenständige Entwicklung erfahren.

Es mag angesichts der ungeheuer zerrissenen Sprachverhältnisse auf Australien, die über 30 verschiedene Sprachen erkennen lassen, schwerfallen, an eine australische Rasse zu glauben. Aber die australische Kultur weist die Prägung der bodenbedingten Lebenserschwernisse auf, die einen Zusammenschluß zu Stammes- oder Völkergruppen verhinderten. Die Armut des Bodens gestattete den Zusammenschluß über den Rahmen der Familie hinaus nur bis zur 100, höchstens 200 Menschen umfassenden Horde. Auch diese bedurfte zur Gewinnung des erforderlichen Lebensunterhaltes eines weiten Raumes, innerhalb dessen die Horde die Möglichkeit besaß, auf ihren Wanderungen die jahreszeitlich anfallenden, von der Natur nur spärlich gespendeten Gaben zu gewinnen. So lebten die Horden auf weiten Flächen gewissermaßen isoliert und hatten nur geringe Verbindungen mit ihren Nachbarn, ähnlich den Bewohnern der Inselwelt Ozeaniens. Isolierung führt jedoch zwangsläufig zur Eigenentwicklung und damit zur Variation.

Die Angaben über die Kulturgrundlagen der Australier können sich im Rahmen dieser Schrift nur auf die bedeutendsten Merkmale beziehen. In allen Formen der Lebenshaltung wie Bekleidung, Wohnstätten, Waffen, Werkzeugen und Geräten sind die Australier auch heute noch ein steinzeitliches Wandervolk. $1^1/_2$ Jahrhunderte europäischer Einwirkungen reichten nicht aus, um eine grundsätzliche Wandlung bei ihnen herbeizuführen. Die Jagd und das Sammeln der nur spärlich von der Natur gespendeten Pflanzennahrung, die zum unsteten Wandern zwingen, bilden die Lebensgrundlage der schwarzen Australier. Auf diesen Gebieten sind ihre geistigen Kräfte hoch entwickelt. Das beweisen ihr ausgesprochener Spürsinn und unter anderen auch die Verwendung des technische Begabung erfordernden Wurfholzes, des Bumerang, als Waffe. Auch das Auffassungsvermögen der Eingeborenenkinder in den Missionsschulen laßt erkennen, daß die einseitige geistige Entwicklung, die sich besonders aus dem Unvermögen logischen Denkens ergibt, nicht die Folge einer geistigen Beschränkung, sondern vorwiegend der erschwerten Lebensbedingungen ist. Eine Erscheinung, die ja auch in anderen Erdräumen mit erschwerten Lebensbedingungen, wie in der Arktis, die Kräfteentfaltung der Eingeborenen behindert und einseitig werden läßt.

In den primitivsten Anfängen stehen auch Religion und politische Organisation. Aus den Kenntnissen über das Religionsleben der schwarzen Australier ist zu entnehmen, daß bei ihnen Seelenglauben und Zauberwesen in Verbindung mit dem Totemismus eine große Rolle spielen. In Felsen, Bäumen, Wasserlöchern oder auch anderen auffallenden Orten sieht man die Wohnstätte mystischer Ahnenseelen, die das Schicksal beeinflussen. In streng abgeschlossenen Feiern werden Seelensteine und Seelenhölzer als Verkörperung der Ahnen verehrt. In Verbindung mit dem Seelenglauben scheinen auch die Riten der Jünglingsweihe zu stehen. Frauen und Kinder sind von dieser Kulthandlung ausgeschlossen und werden durch das surrende Geräusch der Schwirrhölzer gewarnt, sich dem Weiheplatz zu nähern. Diesen Schwirrhölzern werden, wie den Wohnstätten der Ahnengeister, kinderspendende Kräfte zugesprochen. Durch Besuch jener Stätten oder auch die Berührung der Schwirrhölzer geht der Ahne im Leib der Frau in den neuen Menschen über. Auch bei gewissen Zauberzeremonien zur Herbeiführung des Regens findet das Schwirrholz Verwendung.

Eine Art politischer Organisation geht aus dem Vorrecht der Männer über die Frauen und innerhalb der Körperschaft der Männer aus der Vorherrschaft der im Ältestenrat vereinigten Stammesältesten und einzelner begabter oder als Zauberer im besonderen Ansehen stehender männlicher Personen hervor.

Eine andere Gliederung der Horde ergibt sich aus dem Totemismus. Danach führen die Angehörigen einer Gruppe ihre Abstammung auf ein Tier, eine Pflanze oder irgendeinen Naturgegenstand zurück. Sie dürfen diesen als Totem nicht beschädigen oder töten, sondern müssen ihn durch Zauberzeremonien fördern. Aus dem Totemismus ergeben sich die Exogamie, nach der kein Mann eine Frau aus seinem Totem heiraten darf, sowie das Vaterrecht, nach dem die Kinder zum Totem des Vaters gehören.

Besonders im Totemismus wie auch in den Zeremonien der

Jünglingsweihe bestehen Zusammenhänge altaustralischer und melanesischer Kultur. Auch in der Totenbestattung, die innerhalb Australiens verschieden gehandhabt wird, bestehen in einigen Strichen Australiens Zusammenhänge mit ähnlichen melanesischen Gebräuchen. Die Formen der Bestattung wechseln zwischen der unmittelbaren Erdbestattung in Hockstellung, dem Dörren der Leichen über dem Feuer und der späteren Beisetzung in der Erde oder auch auf Bäumen. Gelegentlich wurden auch die Leichen nach dem Ausdörren in Hütten aufbewahrt und auf den Wanderungen mitgeschleppt, bevor man die zerfallenen Gebeine in Grabhügeln beisetzte.

Vor dem Auftreten der Weißen wurden häufig auch Tote ganz oder teilweise verzehrt, vor allem aber die Leichen der erschlagenen Feinde. Die tiefste Ursache dieses oft mit mystischen Zeremonien verknüpften Kannibalismus ist wohl meist, wie auch heute noch im Innern von Neuguinea, auf den Mangel an Fleischnahrung zurückzuführen. Im großen ganzen sind sogar noch innerhalb dieser primitiven Kulturen der alten Australier zwei Gruppen zu erkennen.

Die ältesten Kulturformen der Tasmanier werden durch die rohe Bearbeitung der Steinwerkzeuge und Waffen, die einfachsten Formen der Stab- und Wurfkeulen, der primitiven Art der Korbflechterei und noch einigen anderen Eigenarten gekennzeichnet, während die Waffen, Geräte und Werkzeuge der Australier des Kontinents, wie ja schon die Verwendung des den Tasmaniern unbekannten Wurfholzes, die Merkmale einer gehobenen Entwicklung aufweisen.

In bezug auf die Überlieferung der Vergangenheit konnten bisher bei den schwarzen Australiern außer der Übertragung einiger alter Sagen von Mund zu Mund keinerlei Feststellungen gemacht werden. Somit beginnt die auf Tatsachen beruhende Geschichte Australiens erst mit dem Beginn der britischen Niederlassung.

Über die Zahl der schwarzen Australier zu diesem Zeitpunkt können zuverlässige Angaben nicht gemacht werden. Die Schätzungen schwanken zwischen 150000 bis 300000 für Australien und liegen um 30000 bei Tasmanien. Die Tasmanier sind gegen Ende des vorigen Jahrhunderts ausgestorben. Der letzte Tasmanier starb 1876 in London. Die schwarzen Australier sind heute im wesentlichen auf einige Reservate in Nord- und Mittelaustralien zurückgedrängt. Nur eine geringe Zahl konnte zu Dienstleistungen auf den Viehstationen herangezogen werden. Weite Gebiete Ostaustraliens sind völlig frei von Eingeborenen.

Auch die Angaben über den heutigen Stand der Eingeborenen schwanken. Die letzten Feststellungen ergeben 73000 Eingeborene einschließlich der 23000 Mischlinge. Doch es gibt in Nord- und Mittelaustralien immer noch nur im geringen Umfange erforschte Gebiete. So wurde noch im Jahre 1949 im Arnhem-Land eine bisher unbekannte Gruppe von Eingeborenen festgestellt.

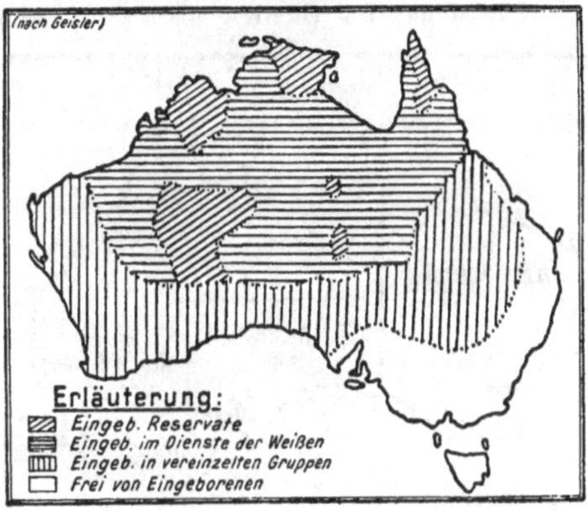

Skizze 20: Heutige Verbreitung der Eingeborenen in Australien

Die Bildung des australischen Staates

Die Unabhängigkeitserklärung der früheren nordamerikanischen Kolonien Großbritanniens und damit die Notwendigkeit, die bis zu dieser Zeit nach Nordamerika deportierten Strafgefangenen anderweitig unterzubringen, waren der letzte äußere Anlaß zur Besiedlung Australiens. Nach dem Eintreffen des ersten Gefangenentransportes im Raum um Sydney im Jahre 1788 dauerte es 35 Jahre, bis der Zustrom freier Siedler und das Vermögen der jungen Kolonie, sich selbst zu erhalten, im Jahre 1823 zur Erklärung von Neu-Süd-Wales und 1825 von Tasmanien zu selbständigen Kolonien mit eigenen Parlamenten in den sich rasch entwickelnden Hauptstädten Sydney und Hobart führten. Im Verlauf von weiteren 40 Jahren erhielten sodann auch die anderen australischen Kolonien das Recht zur Selbstverwaltung.

Nach vieljährigen Vorverhandlungen der australischen Kolonien unter sich und mit der britischen Regierung fand schließlich der Zusammenschluß aller australischen Kolonien einschließlich Tasmaniens zum Australischen Staatenbund unter dem Namen „Commonwealth of Australia" statt. Die am 17. 10. 1900 verkündete Verfassung übertrug die gesetzgebende Gewalt gemeinsam dem Generalgouverneur als Vertreter des britischen Königs, dem Senat und dem Repräsentantenhaus. Der Bundesregierung bleiben vorbehal-

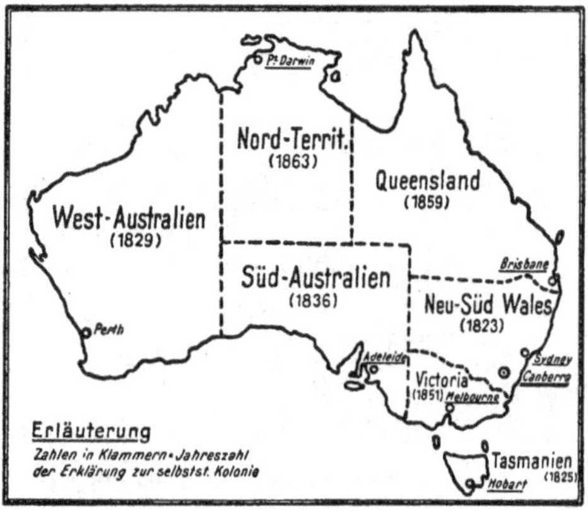

Skizze 21: Politische Gliederung Australiens mit Landeshauptstädten und Bundeshauptstadt

ten: Handel, Schiffahrt, Auswärtige Angelegenheiten, Verteidigung, Post, Schlichtung von Arbeitsstreitigkeiten und seit dem 1. Januar 1911 auch die Verwaltung des Bundesgebietes mit der Hauptstadt Canberra sowie des Nordterritoriums.

Die Leitgedanken des Australischen Bundes sind: Treue zum britischen Mutterland, Selbstbestimmung innerhalb des australischen Raumes und Durchführung einer ausgesprochenen Sozialpolitik. Das Bekenntnis zum Mutterland fand seine Bestätigung durch die Beteiligung australischer Truppen sowohl am Burenkriege wie auch an den beiden letzten Weltkriegen.

Die Verfolgung der austral-asiatischen Idee führte 1906 zur Übernahme der britischen Kolonie Papua auf Neuguinea und 1918 der Mandate über die ehemaligen deutschen Kolonien in Melanesien und Polynesien durch den Australischen Bund.

Der Gedanke der Selbstbestimmung im australischen Raume sowie die mit ausgesprochener Folgerichtigkeit durchgeführte Sozialpolitik wurden der Anlaß zu einer die Einwanderung in Australien außerordentlich erschwerenden Gesetzgebung. Nach den bestehenden Bestimmungen ist jeder Einwanderer nach dem Belieben des Einwanderungskommissars einer Sprachprüfung durch ein 40 Worte umfassendes Diktat einer europäischen Sprache unterworfen. Diese in erster Linie gegen die farbige Einwanderung gerichteten Gesetze erschweren einerseits die Bewirtschaftung der tropischen, für weiße Arbeiter ungeeigneten Farmbetriebe, während sie andererseits die einheimische Arbeiterschaft vor einer Lohnunterbietung schützen. Da jedoch die Beschränkung der Einwanderung aus Gründen der Reinerhaltung des britischen Charakters der Bevölkerung auch auf die Angehörigen weißer Völker Anwendung gefunden hat, sind der Entwicklung des bisher unterbevölkerten australischen Raumes Grenzen gezogen.

Wenn auch innerhalb des letzten Jahrhunderts die Bevölkerung Australiens und Tasmaniens von 0,5 auf 8,1 Millionen Menschen gestiegen ist, so hält der jährlich zwischen 80000 bis 100000 schwankende Geburtenüberschuß der Weißen Australiens mit den gegebenen Entwicklungsmöglichkeiten keineswegs Schritt. Die Auffassungen über die mögliche Steigerung der bisherigen Bevölkerungsdichte von 1,1 je Quadratkilometer sind verschieden. Die Angaben schwanken zwischen 20 und 250 Millionen. Unter Voraussetzung, daß etwa 30% des australischen Bodens eine Bevölkerung von 30 Menschen je Quadratkilometer ernähren könnten und die restlichen 70% nicht mehr als bisher, würde sich die Möglichkeit einer Gesamtbevölkerung von 75 Millionen ergeben. Die Vorbedingungen wären allerdings eine bedeutende Intensivierung der Wirtschaft unter entsprechender Kapitalaufnahme und in Verbindung damit wohl auch eine gewisse Änderung der Sozialpolitik.

Während sich heute die weiße Bevölkerung im allgemeinen auf die Besiedlung der ost- und südöstlichen wie südwestlichen Teile des Festlandes beschränkt und besonders in Tasmanien, Victoria, Neu-Süd-Wales und Queensland eine größere Dichte erreicht, böte sich vielleicht unter Ausnutzung der artesischen Wasserreserven die Möglichkeit, weitere Teile von Neu-Süd-Wales, Queensland und des nördlichen wie südlichen Westaustraliens zu erschließen.

Auffallend ist die Zusammendrängung der weißen Bevölkerung in den Städten. So wohnen allein in den Hauptstädten der 7 Bun-

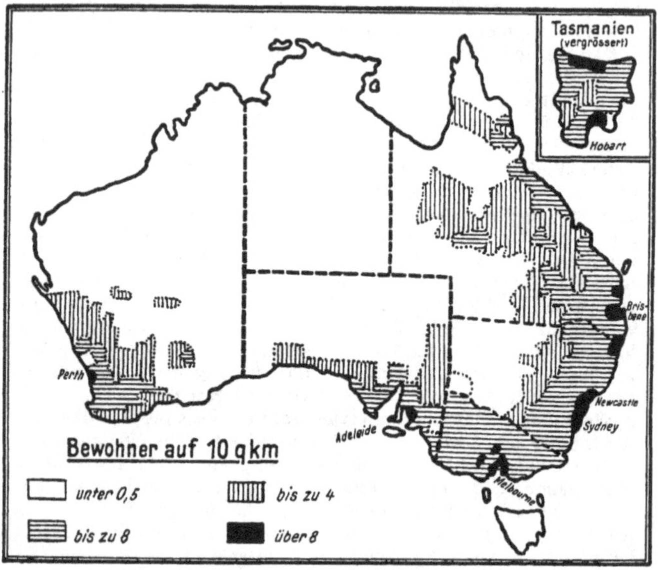

Skizze 22: Bevölkerungsdichte von Australien und Tasmanien

desstaaten 49 % der Gesamtbevölkerung. Diese Zusammenballung in den Städten ist um so eigenartiger, als etwa 21 % der arbeitenden Bevölkerung in der Landwirtschaft tätig sind.

Das Wirtschaftsleben

Die tragenden Kräfte des australischen Wirtschaftslebens sind zur Zeit noch die landwirtschaftlichen Unternehmungen Viehzucht und Ackerbau in Verbindung mit der ihre Erzeugnisse verarbeitenden Industrie. So beschränkt auch heute noch mit etwa 30 % des Gesamtraumes die landwirtschaftliche Bodennutzung ist, bieten doch ihre Erträge die Haupteinnahmequellen des Landes. Unter den Zweigen der Landwirtschaft steht die Viehzucht vor dem Ackerbau.

Die in bezug zur Bevölkerung hohen Viehbestände sind jedoch

immer noch durch fast periodisch alle 3—4 Jahre auftretende Dürren starken Verlusten unterworfen. So verminderten sich in den Trockenjahren 1891—1901 allein die Schafbestände um 54 Millionen, ein Verlust, der erst nach 2 Jahrzehnten wieder aufgeholt werden konnte. Die Schaf- und Rinderzucht könnte jedoch wesentlich erweitert werden, da auch bei dem klimatisch bedingten großen Raumbedarf von etwa 1 Morgen guter Weide oder 12 Morgen schlechter Weide für 1 Schaf der verwertbare Raum noch lange nicht in dem möglichen Umfange ausgenutzt ist. Die Voraussetzungen für eine Belebung der Viehzucht sind gewisse Änderungen der Sozialpolitik. Sie belastet zur Zeit die Landwirtschaft stark zugunsten der anderen Berufszweige und erschwert dadurch die Investierung von Kapital zur Verbesserung der Wasserhaltung wie auch zum Ausbau der sehr kostspieligen, aber dringend erforderlichen Zäune zum Schutz der Schafherden gegen die Dingos und der Weiden gegen die Kaninchen. Untersuchungen haben ergeben, daß sich die Schafbestände voraussichtlich verdoppeln lassen. Bei Ansatz von 4 ha Weidefläche für ein Schaf könnten allein in Inneraustralien neue Schafherden mit etwa 29 Millionen Schafen gehalten werden. Die Bedeutung einer vielleicht möglichen Verdopplung der Schafzucht ergibt sich allein aus der Tatsache, daß Australien

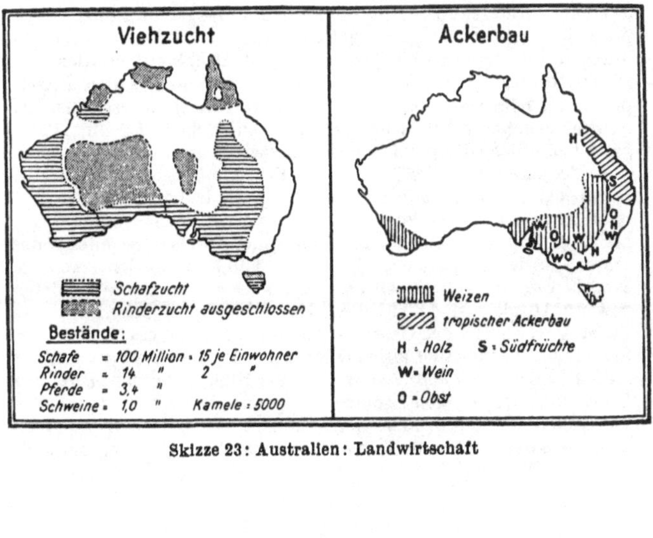

Skizze 23: Australien: Landwirtschaft

heute schon ein Drittel der auf den Weltmarkt kommenden Wolle liefert.

Die Gebiete der Schafzucht liegen, klimatisch bedingt, in den Räumen der gemäßigten Zone. Dort bestehen neben vielen Kleinbetrieben auch Riesenunternehmungen mit 60000 Schafen auf 120000 Morgen Weideland, die mit 8,5 Pfund Wolle je Schaf jährlich auf Erträge von 250 Tonnen Wolle rechnen können. Riesige Schurhallen, in denen an einem Tage bis zu 6000 Schafe von 30 Scherern geschoren werden können, ein fliegender Hospitaldienst zur Versorgung des weitab von den Städten arbeitenden Personals kennzeichnen derartige Unternehmungen vor allem in Südaustralien. Neben den Wollerträgen spielt der Export gefrorenen Hammelfleisches eine zunehmende Rolle.

Die für die Rinderzucht nutzbaren Räume erstrecken sich, im Gegensatz zur Schafzucht, auch über sehr große Teile Nordaustraliens. Auf den dort etwas mageren Weiden steht die Fleischwirtschaft gegenüber der im Süden auf fetteren Weiden in höherem Umfang betriebenen Milchwirtschaft im Vordergrund. Viehtriftwege mit den notwendigen Wasserstellen, neuzeitliche Schlachthäuser und eine große Transportflotte schnellfahrender Kühldampfer gewährleisten den hoch entwickelten Gefrierfleischexport. Fabriken zur Verarbeitung von Milch und Butter erreichten in den letzten Jahren Exportbeträge zwischen 120—160 Millionen Mark jährlich. Auch auf diesem Gebiet stehen neben kleineren Unternehmungen der sogenannten Squatter Großbetriebe mit Herden von 30000 Rindern. Die Pferdezucht ist vorwiegend auf den Eigenbedarf in dem weiträumigen Land eingestellt. Dahingegen ist die Schweinezucht verhältnismäßig gering entwickelt. Die im Rückgang befindliche Kamelhaltung dient dem Wüstentransport.

In der Ackerwirtschaft steht der Weizenanbau an erster Stelle. Die bisher meist in Südwest- und Südostaustralien liegenden Anbauflächen erbrachten auf etwa 40000 qkm jährliche Ernteerträge bis zu 80 Millionen Bushel. Die Ertragshöhe ist jedoch infolge der Dürren unsicher. Allerdings bieten die klimatischen Unterschiede zwischen den räumlich weit auseinander liegenden Anbaugebieten gewisse Ausgleichsmöglichkeiten. Immerhin traten schon Verluste bis zu zwei Drittel der Gesamternte durch Dürren ein. Unter Voraussetzung der an sich als möglich bezeichneten Erweiterung der Anbaufläche bis zu 850000 qkm und der Steigerung der bisher nur 27% der europäischen Ernten betragenden Einzelerträge könnte Australien eine der großen Kornkammern der Erde werden. Weitere Voraussetzungen dafür sind allerdings die Erhöhung der Einwanderungsquoten und der Anreiz zur Kapitalinvestierung durch gesetzgeberische Maßnahmen.

In den tropischen Gebieten Ostaustraliens ist der Anbau von Mais, Reis und Zuckerrohr von Bedeutung. Der Entwicklung hinderlich sind auch dort wieder die Einwanderungsbestimmungen in dem für die weißen Arbeiter ungeeigneten Klima. Der erst 1925 begonnene Reisanbau soll bereits den australischen Eigenbedarf decken, während die teilweise staatlich unterstützte Zuckerproduktion mit insgesamt 60000 weißen Arbeitern, darunter vielen Italienern, etwa 50 % ihrer Erträge exportiert.

Die ebenfalls in den tropischen Gebieten betriebenen Südfruchtkulturen sind an sich sehr ertragreich. Sie bedürfen jedoch teilweise wegen der hohen, sozialpolitisch bedingten Gestehungskosten des Zollschutzes. Auch europäische Obstarten gedeihen ausgezeichnet, vor allem in Südwest- und Südostaustralien. Dort gewährleistet der von deutschen Moselbauern eingeführte Weinbau so hohe Ernten, daß Australien heute als Weinlieferant Englands an zweiter Stelle steht.

Wesentlich geringer, als nach den Beständen der Berg- und Regenwälder angenommen werden kann, ist die Holznutzung. Einerseits wurde in der Rodungsperiode zur Gewinnung von Weide- und Ackerland kaum wiedergutzumachender Schaden angerichtet. Andererseits sind die Bestände an Nutzholz gering, da die in der Mehrzahl weichen Hölzer für Bauzwecke ungeeignet sind. Baumschutzgebiete in Queensland, Neu-Süd-Wales und Victoria mit einem Gesamtareal von etwa 80000 qkm sollen der Waldvernichtung Einhalt gebieten. Für den Export kommen nur wenige Edelhölzer in Frage. Es müssen sogar zum Teil schon Bauhölzer eingeführt werden.

Die Industrie findet in der Verarbeitung der landwirtschaftlichen Erzeugnisse und der im Bergbau gewonnenen Mineralien eine gute Ausgangslage. Sie beginnt die Landwirtschaft zu überflügeln. Ihre Entwicklung wird jedoch durch die geringe Einwohnerzahl, die in Verfolg der Sozialpolitik hochgeschraubten Löhne und damit den mangelnden Anreiz zur Kapitalinvestierung behindert.

Die Vorkommen an Mineralien sind außerordentlich vielseitig. Die Bestände der alten Fundorte sind jedoch teilweise stark zurückgegangen sowie der Umfang neu aufgedeckter Lager noch nicht einwandfrei festgestellt. Die Verteilung der Bodenschätze auf weit auseinander liegende und nur unzulänglich verkehrstechnisch erschlossene Räume ist die Ursache weiterer Schwierigkeiten in bezug auf ihre Auswertung. Die Zahl der im Bergbau beschäftigten

Arbeiter steht in Wechselbeziehung zur Landwirtschaft. In Zeiten von Dürren oder schlechter landwirtschaftlicher Konjunktur ziehen viele Landarbeiter hinaus in die Einöden, um als Goldsucher und Prospektoren ihren Lebensunterhalt zu verdienen.

Auch die Zeiten des australischen Goldrausches sind vorüber. Die alten Fundstellen in Neu-Süd-Wales, Victoria und Queensland sind stark erschöpft. Während Australien im Auslauf des 19. Jahrhunderts die erste Stelle unter den goldproduzierenden Ländern

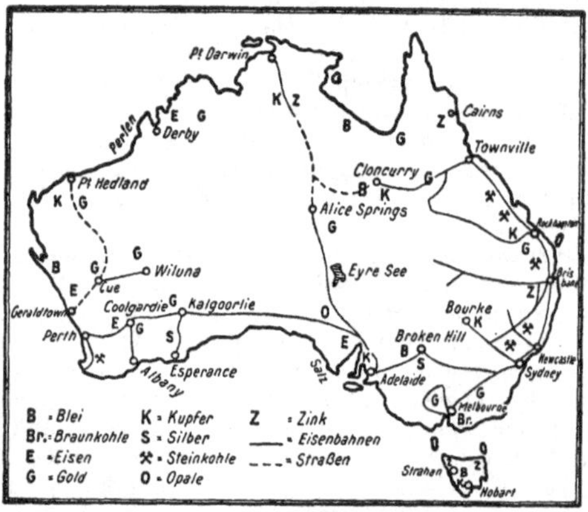

Skizze 24: Australien: Bodenschätze

einnahm, steht es heute nur noch an fünfter Stelle. Immerhin erreichte die Goldproduktion 1949 noch einen Wert von etwa 110 Millionen Mark. Die zur Zeit ertragreichsten Goldfelder liegen, abgesehen von den Fundstellen auf Neuguinea, in Westaustralien im Raume östlich von Perth bei Kalgoorlie. Dort finden noch an 40000 Arbeiter im Goldabbau Beschäftigung.

Dahingegen ist die Förderung von Kohle in den letzten Jahren erheblich gestiegen. Die bedeutendsten Steinkohlengruben liegen in Neu-Süd-Wales bei Newcastle. Die jährliche Gesamtförderung Australiens erreicht jedoch nur die monatl. Kohlenförderung Deutschlands. Immerhin deckt Australien fast seinen Eigenbedarf an Kohlen und führt sogar, besonders von Newcastle, Kohle nach Neuseeland, den Philippinen und in die Südsee aus. Örtliche Bedeutung haben die Braunkohlenvorkommen bei Morwell östlich von Melbourne.

Die auf etwa 400 Millionen Tonnen mit einem Eisengehalt von 40--48% geschätzten Eisenerze, deren bedeutendsten Gruben auf der Eyre-Halbinsel liegen, werden in Port Pirie am Südansatz des Spencer-Golfes und in Newcastle verhüttet. Von Bedeutung sind die Werke von Broken Hill, der drittgrößten Stadt von Neu-Süd-Wales. Die Vorräte an Silbererzen dort und auf Tasmanien werden auf rund 12 Millionen Tonnen geschätzt. In der Silberproduktion steht Australien an fünfter Stelle. Die Kupfererzeugung nimmt etwa 50% der deutschen Erzeugung von 1939 ein. Während die entsprechenden Werke bei Adelaide veraltet sind, scheinen die Chillagoe-Werke in Westaustralien und vor allem die Lyell-Gruben in West-Tasmanien noch eine Zukunft zu haben. Die Zinngewinnung bei Charters Towers in Queensland beträgt etwa 3000 bis 4000 Tonnen jährlich. Die Zinkproduktion wird dahingegen jährlich mit 400000 Tonnen angegeben. Die Abbauwürdigkeit von Manganerzen, Wolfram, Tantalit, Wismut, Antimon, Asbest, Graphit, Erdöl und Marienglas ist noch nicht einwandfrei geklärt. Seit 1949 wird im Südosten Australiens auch Uran abgebaut.

Insgesamt sind nur etwa 3% der Bevölkerung Australiens im Bergbau tätig. Seine Hauptleistungen liegen wertmäßig zu je einem Drittel bei der Produktion von Gold und Kohle. Perlen- und Trepang-Fischerei an verschiedenen Stellen der Nordküste sind verhältnismäßig unbedeutend.

Die Industrie umfaßt im Durchschnitt der letzten Jahre über 40000 Betriebe, von denen 50% als Kleinbetriebe nicht mehr als 5 Arbeiter und an 1000 Betriebe mehr als 100 Arbeiter beschäftigen. Der Schwerpunkt der Industrie liegt in Neu-Süd-Wales und in Victoria, vor allem in den Städten Melbourne, Sydney und Newcastle. Größere Betriebe liegen auch in Queensland in Rockhampton und Townsville sowie in Victoria bei Bendigo und Ballarat in der Nähe von Melbourne. Neben der Verwertung landwirtschaftlicher Erzeugnisse, einschließlich der an sich wegen der hohen Löhne unwirtschaftlichen Tuchfabrikation, treten Eisen- und Maschinenfabriken sowie holzverarbeitende Werke in den Vordergrund. Kleine und mittlere Eisenwerke dienen vorwiegend der Deckung des Eigenbedarfs an landwirtschaftlichen Maschinen, Werkzeugen und Geräten sowie Haushaltungsgegenständen. Die Holzverarbeitungsstätten befassen sich mit dem Wagenbau, einschließlich des Baus von Eisenbahnwagen, der Fertigung von Möbeln und Innenausstattungen im Rahmen des Haus- und Schiffbaus. Für die Entwicklung des Kraftwagenverkehrs sind die Fordwerke bei Melbourne und die General-Motors-Werke bei Adelaide von Bedeutung.

Der letzte Krieg hat sodann der Industrialisierung einen neuen Anstoß gegeben. Von den erwähnten 40000 Betrieben sind allein 13000 Betriebe in den letzten 10 Jahren entstanden, darunter die Austin-Werke, Fabriken zur Fertigung von Handwaffen, Bekleidung und Ausrüstung. Ferner sind die Werften zum Bau von 10000-Tonnen-Schiffen übergegangen. Die Gesamtzahl der in der Industrie Beschäftigten, einschließlich der Industrie zur Verwertung landwirtschaftlicher Erzeugnisse, beträgt inzwischen etwa 1,25 Millionen Menschen oder 37,5% der werktätigen Bevölkerung.

Im ganzen gesehen ist das australische Wirtschaftsleben angesichts der großen Entwicklungsmöglichkeiten auf den Gebieten der Landwirtschaft, des Bergbaus und der Industrie noch außerordentlich erweiterungsfähig. Vom Standpunkt der Weltwirtschaft aus betrachtet, müßten jedoch in Australien die Erzeugung landwirtschaftlicher Produkte und industrieller Rohstoffe, also die Erfassung und Ausbeute der Bodenschätze, in den Vordergrund treten. Schon allein für diese Aufgaben bedarf es einer erheblichen Steigerung der Einwanderung und des Kapitalzuflusses. Dahingegen dürfte die Erzeugung von Fertigwaren einerseits wegen der hohen Gestehungskosten unwirtschaftlich sein, andererseits aber auch Störungen auf dem Weltmarkt hervorrufen, so daß kapitalkräftige Länder wie die USA kaum bereit sein dürften, Mittel für derartige Ziele zur Verfügung zu stellen.

Der Gedanke „Australasia“ trägt jedoch auch die wirtschaftliche Vorherrschaft Australiens im australisch-ozeanischen Raum in sich. Dieses Bestreben findet in der Lage des Raumes abseits der großen Weltverkehrswege seine Bestärkung, denn immer noch sucht der Handel in der Regel den kürzesten Weg. Der Wille Australiens zum Fortschritt kommt in der Erhöhung der zukünftigen jährlichen Einwanderungsquote zum Ausdruck. Sie erreichte etwa 65000 Einwanderer und ist für die kommenden Jahre auf je 70000 angesetzt. Man hofft somit, die Einwohnerzahl Australiens innerhalb einer Generation auf 20 Millionen zu erhöhen. Für die Einwanderung bevorzugt werden Bau- und Spezialarbeiter. Jede Einwanderung von Farbigen bleibt jedoch weiter ausgeschlossen.

Handel und Verkehr

Im Außenhandel Australiens tritt die enge Verbindung mit dem britischen Mutterlande auffallend in Erscheinung. So betrug der australische Anteil an der britischen Rohstoffeinfuhr des ersten Halbjahres 1949 an 68%, der Rohzinkeinfuhr 22,5% sowie der Zinkerze und Konzentrate 73,5%. Vor dem letzten Kriege standen die Einfuhr aus England mit etwa 45% und die Ausfuhr nach England mit im Durchschnitt 40% jährlich an erster Stelle. In der Einfuhr folgen sodann die USA mit durchschnittlich 25% und in der Ausfuhr Frankreich mit 12%. Der Deutschlandhandel war nur sehr gering. In der Gesamtausfuhr nahmen die Wolle bis zu 48%, Weizenprodukte um 25%, Butter 5—7%, Häute und Felle 4—5%, Fleisch 4—5%, Blei und Früchte je 2—3% ein, während die Einfuhr zu 15—18% in Textilien, 6—8% aus Kraftwagen und Kraftwagenteilen, zu 4—6% aus Öl und um 5% aus Eisen und Stahl bestand. In der Nachkriegszeit erlebte der australische Außenhandel eine ausgesprochene Hochkonjunktur. Wolle, Weizen, Butter und Fleisch fanden zu überhöhten Preisen Absatz. Die australischen Auslandsguthaben stiegen von 600 Millonen auf rund 3,3 Milliarden Mark, und die Auslandsschulden wurden um 1,1 Milliarde Mark verringert. Diese Angaben lassen eindeutig die Vorherrschaft der landwirtschaftlichen Produkte wie auch die Einstellung des australischen Handels in der Hauptsache auf Europa und die USA erkennen.

Entsprechend der Lage Australiens fällt dem Überseeverkehr eine bedeutende Aufgabe zu. Perth, Adelaide, Melbourne, Sydney und Brisbane sind die Haupthäfen des Landes. Sydney ist der Ausgangspunkt der großen Verbindungen nach Ostasien, Amerika, sowie zusammen mit Brisbane für den Verkehr innerhalb Ozeaniens und zugleich der Endpunkt des Europaverkehrs. Infolge des unzureichenden Ausbaus des Eisenbahnnetzes ist der Küstenverkehr besonders für den Transport von Massengütern von Bedeutung. Diese Erkenntnis führte zum Ausschluß ausländischer Schiffe von der Verfrachtung binnenländischer Güter im australischen Hafenverkehr.

Das australische Eisenbahnnetz ist in bezug zur Einwohnerzahl verhältnismäßig dicht ausgebaut, jedoch ist es in seinen Beziehungen zum Raum unzureichend. Eine durchlaufende Verbindung besteht heute nur von Perth über Adelaide, Melbourne, Sydney, Brisbane bis herauf nach Cairns. Auf der in 6 Tagen zu durchfahrenden, etwa 6000 km langen Strecke von Perth nach Brisbane ist jedoch infolge der Spurweitenveränderung fünfmaliger Zugwechsel erforderlich. Die Ursache dieser verschiedenen Spurweiten ist der Ausbau des Grundnetzes vor dem Zusammenschluß der einzelnen Länder zum Bundesstaat. Westaustralien und Queensland, die am dünnsten bevölkerten und großräumigsten Länder haben, wie auch Tasmanien, aus Sparsamkeitsgründen die Schmalspur gewählt. Neu-Süd-Wales allein besitzt die Normalspur, die auch auf der großen südaustralischen West-Ost-Querverbindung Anwendung

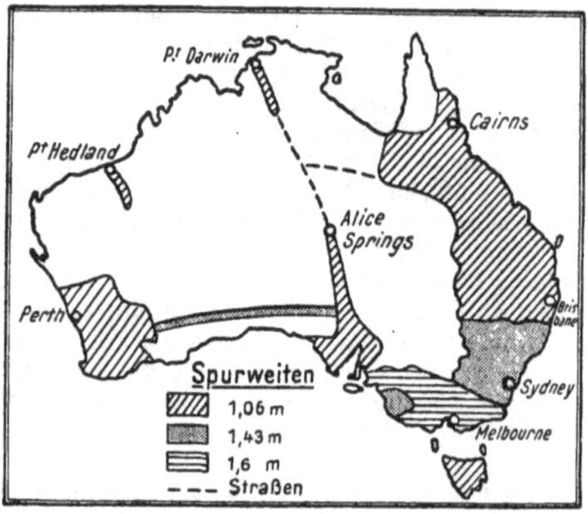

Skizze 25: Australien: Eisenbahnnetz

Gesamtnetz:	44 585 km
davon 1,43 m Spur:	11 834 km
1,60 m Spur:	9 865 km
1,06 m Spur:	22 886 km

gefunden hat. Im übrigen kann eigentlich nur in Victoria von einem Eisenbahnnetz gesprochen werden. Die anderen Staaten führten, bis auf die bereits erwähnte Durchgangsverbindung, den Ausbau der Eisenbahn in erster Linie zur Erschließung des Landes in Form von Stichbahnen durch. Der das Eisenbahnnetz ergänzende Straßenbau ist lediglich im Bereich der großen Städte sowie in den östlichen, südöstlichen und südwestlichen Randgebieten von Bedeutung. In diesen Räumen sind die Straßen gut ausgebaut, insbesondere die große Verbindungsstraße von Adelaide über Melbourne, Sydney nach Cairns. In den weiten, meist ebenen Flächen des Binnenlandes gibt es jedoch in der Hauptsache nur durch Beseitigung der größten Hindernisse gebahnte Wege, die im allgemeinen gut von Kraftwagen benutzt werden können. Derartige Verbindungen führen häufig von den Endpunkten der Eisenbahnen zu den weit im Landesinnern liegenden Viehstationen. Diese brückenlosen Wege sind jedoch meist unbenutzbar, wenn sich in der Regenzeit oder bei dem Einsetzen plötzlicher Niederschläge die Wasserrinnen mit Wasser füllen. Eine Kraftwagenfahrt auf den Binnenwegen Australiens, die oft wochenlang nicht befahren werden, bedarf der vorausschauenden Ausstattung mit Hilfsmitteln. Benzin und Wasser für den Motor und die Mitfahrer, Verpflegung, Matten zur Überbrückung sandiger Stellen, Geräte, Werkzeuge und Ersatzteile müssen die Selbsthilfe in jeder Lage gewährleisten. Das während des letzten Krieges erweiterte Straßennetz umfaßt heute 805 000 km. Neu sind die Autostraßen von Meekatharra nach Marble Bar, zwischen Alice Springs und dem südlichen Endpunkt der von Port Darwin kommenden Eisenbahn.

Eine aussichtsreiche Zukunft besteht in Anbetracht der weiten Räume für den Luftverkehr. Abgesehen von den großen, über Niederländisch-Indien nach Australien führenden Fluglinien, bestehen bereits regelmäßige Luftverbindungen an der Westküste von Australien sowie über Land von Perth bis Brisbane und innerhalb von Queensland. Große Viehstationen und abseits der Hauptverkehrslinien liegende Bergwerke verfügen über einen eigenen Luftverkehrsdienst. Seine Hilfe kann über den Fernsprecher oder den Rundfunk von den Außenstationen in Anspruch genommen werden. Der Ausbau von Flugplätzen bereitet in dem ausgeprägten Tafellande keine allzu großen Schwierigkeiten. Die Binnenfluglinien erstrecken sich heute über 54 000 km. Befördert wurden 1949 insgesamt 1,4 Millionen Passagiere und 33 500 Tonnen Fracht.

Dahingegen ist der Binnenschiffsverkehr nur schwach entwickelt und kaum weiter ausbaufähig. Auf dem Murray-Darling verkehren flachgehende Heckraddampfer. Aber auch sie sitzen häufig in den Trockenperioden für Wochen und Monate fest.

Der Ausbau des Fernsprech-, Telegraphen- und Rundfunknetzes entspricht im allgemeinen den Verkehrsbedürfnissen. Von besonderer Bedeutung ist die ganz Australien von Süd nach Nord durchquerende Telegraphenlinie zwischen Port Darwin und Adelaide.

Diese bereits in den Jahren 1870—1872 unter erheblichen Schwierigkeiten ausgebaute, 3000 km lange Linie mit ihren in einsamer Wildnis liegenden 13 ständig besetzten Stationen ist in Port Darwin an das nach Java führende Seekabel angeschlossen.

Von den fünf großen Überseekabellinien Australiens führen drei über Java und je eine über Amerika und Afrika. Kürzere Kabelverbindungen bestehen noch nach Neuseeland und einigen Punkten der Außenbesitzungen.

Zu den großen Aufgaben Australiens wird in der Zukunft noch die Ausgestaltung des inneraustralischen Verkehrsnetzes kommen, vor allem die Vereinheitlichung der Spurweiten im Zuge der Hauptverkehrslinien. Der Ausbildung des Luftverkehrs wird vorwiegend der Mangel an Betriebsstoffquellen im Lande hinderlich sein. Er gewinnt aber insbesondere unter Berücksichtigung der weiten, zu überbrückenden Räume für den Personenverkehr an Bedeutung.

Die natürlichen Großräume Australiens

Der naturgegebenen Gliederung Australiens in West-, Mittel- und Ostaustralien folgte auch ursprünglich die politische Einteilung des Landes. Die fortschreitende Besiedlung und wirtschaftliche Entwicklung führten sodann zunächst in Ostaustralien zur Unterteilung in die Länder Queensland, Neu-Süd-Wales und Victoria sowie später in Mittelaustralien in die Länder Nord- und Südaustralien. Somit besteht heute der australische Bundesstaat, einschließlich von Tasmanien, aus 7 Ländern und dem Bundesgebiet mit der Bundeshauptstadt Canberra. Mit Ausnahme der Grenzen zwischen den drei ostaustralischen Staaten erfolgte die Grenzziehung nicht unter Anlehnung an naturgegebene Trennungslinien, sondern in groben Zügen nach Längen- und Breitengraden. Die Folge dieser Gliederung ist die Zerreißung der natürlichen Landschaften. So ist zum Beispiel das Stromgebiet des Murray-Darling auf die drei Länder Queensland, Neu-Süd-Wales und Victoria aufgeteilt. Während sich die Grenze zwischen den beiden letzteren Ländern noch vorwiegend an den Stromlauf des Murray anlehnt, folgt der größte Teil der Südgrenze von Queensland schematisch dem 31. Grad südlicher Breite. Auch das Senkungsgebiet des Eyre-Sees ist in drei Teile zerlegt, und die Ostgrenze von Westaustralien entspricht nicht den naturgegebenen Verhältnissen. Für die politische und wirtschaftliche Entwicklung Australiens ist diese Grenzziehung insofern nicht von großer Tragweite, als zum mindesten die mittelaustralischen Grenzen im allgemeinen unerschlossene Gebiete durchqueren, deren Erfassung in Wirtschaftseinheiten auch in absehbarer Zeit nicht zu erwarten steht. Die beschreibende Raumdarstellung bedarf jedoch der Anlehnung an die natürlichen Landschaften.

Die in Verbindung mit den Arbeiten von Prof. W. Geisler gewählte Gliederung in fünf Großlandschaften, außer Tasmanien, sucht die geologisch bedingten Bodenformen in Verbindung mit der klimatisch bedingten Bodenbedeckung und die Ausstrahlungen der ältesten wirtschaftlich erschlossenen

Gebiete zu erfassen. Aber auch die Beschreibung der Großlandschaften — das Westland, das Savannenland, das Mittlere Inselbergland, das Goyderland und das Ostland — bedarf aus naturgegebenen und wirtschaftlichen Gründen der Unterteilung in Rand- und Binnenlandschaften.

Das Westland umschließt die westliche Hälfte des Bundesstaates Westaustralien mit den Küstengebieten von Port Hedland im Norden bis zur Israelite-Bai im Süden und den Binnenlandschaften etwa zwischen dem 120. und 125. Grad östlicher Länge. Der größte Teil der westländischen Küste

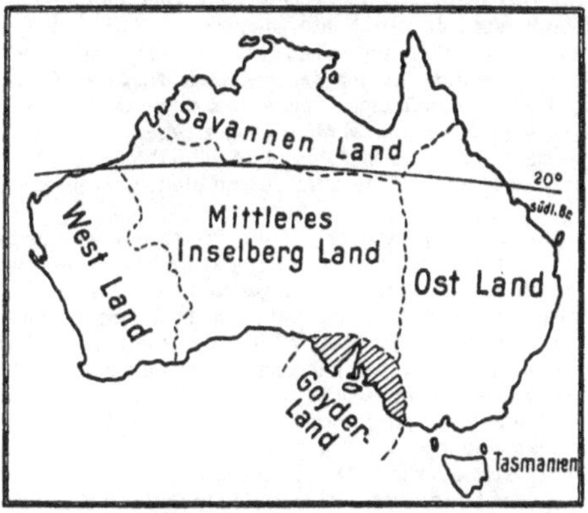

Skizze 26: Die natürlichen Großräume Australiens

zwischen Geraldton und Bunbury ist durch einen Vorlandstreifen von wechselnder Breite aus Korallenkalk und Sanddünen gekennzeichnet. Über ihn erhebt sich der Steilabfall des Binnenplateaus. Seine mittlere Höhe beträgt 150—200 m. Die Randaufwölbung erreicht jedoch in den Darling-Ranges eine Höhe von 1122 m.

Während im Norden des Westlandes, östlich von Port Hedland, das Binnenplateau zur „80-Meilen-Küste" allmählich in den Meeresstrand übergeht, treten im Süden bei Albany und östlich bis zur Großen Australischen Bucht die Berge bis an das Meer heran. Nordöstlich Albany erreichen die Stirling-Ranges noch einmal 1070 m Höhe. Die vom Hochplateau zur Küste rinnenden Wasserläufe haben sich teilweise, wie der Schwanen-Fluß, tief in den Plateaurand hineingegraben oder stürzen in Wasserfällen über den Steilrand herab.

Bis auf den Schwanen-Fluß, der seinen Namen nach den dort vorkommenden Schwarzen Schwänen erhielt, den Blackwood-River und einigen südlichen kleineren Wasserläufen, führen die meisten Flüsse nur im Winter

Wasser. Der Wassermangel im Sommer wird jedoch durch die artesischen Brunnen im Raume um die Sharks-Bai und von Perth stellenweise gemildert. Oberhalb von Perth ist im Hochland der Helena-River durch den 30 m hohen Staudamm der Mundaring-Talsperre zu einer Wasserfläche von 307 ha angestaut und versorgt über eine 560 km lange Wasserleitung mit acht Pumpstationen die Binnenlandschaft von Kalgoorlie.

Im Küstenland südlich Geraldton wird in der Nähe der Stadt Gartenbau betrieben, während andere Teile mit Hilfe artesischer Brunnen der Schafzucht dienen. Ein schmaler Streifen zu Füßen der Steilhänge gestattet auch die Anlage von Obstplantagen und Weingärten. Den Außenrand des Hochplateaus im Südwesten decken dichte Eukalyptuswälder. Sie werden nach dem Binnenlande zu lichter und gehen in die Scrubs über. Beiderseits des Blackwood-River, in dem Gebiet der höchsten Niederschlagsmengen im Westen, liegen die Jarra-Wälder, deren Jarra(Eukalyptus)- und Karl-Stämme gutes, dem Mahagoni ähnliches Holz liefern. Eine von Bunbury südlich Perth nach Bridgetown führende Stichbahn verbindet das große Sägewerk von Pemberton mit dem Meere und dient vorwiegend dem Holztransport.

Das leicht gewellte Hügelland östlich des Plateaurandes um und beiderseits York ist das Hauptgebiet des Weizenbaus und der Rinderzucht Westaustraliens. Wenn auch die Darling-Ranges und der Jarrawald die Niederschläge teilweise abfangen, so fallen immer noch genug Regenmengen zur Hauptwachstumszeit des Weizens im Winter. Auf breitem Streifen ostwärts des Plateaurandes liegt zwischen der Sharks-Bai und der Israelite-Bai das große, dem Weizenanbau nutzbar zu machende Gebiet, das jedoch bisher bei weitem noch nicht voll erschlossen ist. Immerhin hat der seit 1912 dort ansetzende Weizenbau den Wert des im Binnenlande betriebenen Goldabbaus in kurzer Zeit überholt. Die Goldfelder, einst der Reichtum Westaustraliens, die dem Lande zum ersten Aufstieg verhalfen, liefern nur noch geringe Erträge.

Das Eisenbahnnetz des Westlandes, dessen größte Dichte im Südwesten liegt, dient neben dem Durchgangsverkehr zwischen den Häfen Geraldton, Perth, Bunbury und Albany sowie der transaustralischen Südbahn hauptsächlich der Erschließung des Landes durch Stichbahnen in die eine Entwicklung versprechenden Gebiete. Im Nordwesten verbindet eine 200 km lange Schmalspurbahn den an sandiger Küste liegenden Hafen Port Hedland mit der Stadt Marble-Bar im Bilbarra-Goldfeld. Dort wurden im Granit und Grünstein neben Gold auch Zinn, Kupfer, Tantalum, Asbest, Blei und Silber festgestellt. Marble-Bar weist die höchsten Temperaturen Australiens auf (siehe Skizze 14). In diesem Glutlande sollte die Bahn ursprünglich bis zu den Goldfeldern von Nullagin weitergeführt werden. Doch nach Erschöpfung der ersten Fundstellen sind Nullagin und Marble-Bar stille Plätze geworden. Nur wenige Digger halten sich dort noch auf. In der öden Scrublandschaft, die weiter einwärts bald durch Spinifexgräser abgelöst wird, finden auf mageren Weiden (je 10 ha für ein Schaf) mühsam erhaltene Schafherden Nahrung. Artesische Brunnen lindern den Wassermangel. Statt der erwarteten Mineralien wird Wolle in Port Hedland und in dem weiter südlich liegenden kleinen Hafen Roebourne verfrachtet.

In dem noch weiter südlich anschließenden Küstenland von Carnarvon überragen bis zu 300 m hohe Tafelberge mit steilen Hängen das mit Scrub und teilweise dürftigen Rasen bedeckte Hügelland. Während der nördliche Teil der Landschaft im Sommer noch von den letzten Ausläufern der Nordostmonsune erreicht wird, sind die südlichen Gebiete besonders regenarm (siehe Skizze 16). Zur Zeit ermöglichen dort artesische Brunnen die Schafzucht. Wenn auch angenommen wird, daß im Raume der Sharks-Bai bei Verbesserung der Wasserhaltung tropischer Ackerbau möglich ist, so ist das Gebiet jedoch bisher nur wenig erschlossen.

Am Südrand der Sharks-Bai setzt sodann das für den Weizenbau geeignete Gebiet an. Auch dort erweckten im Anfang reiche Goldfunde landeinwärts bei Yalgoo wie auf den Murchison- und Peak-Hill-Goldfeldern Hoffnungen, so daß eine etwa 600 km lange Schmalspurbahn vom Hafen Geraldton bis nach Meekatharra inmitten einer trostlosen Ebene erbaut wurde. Die Goldausbeute hat dort wie auch in den Ost-Murchison-Goldfeldern bei Wiluna enttäuscht. Der Abbau anderer Mineralien, wie Kupfer, Wismut und Marienglas, hat noch nicht wesentlich eingesetzt. Nur wenige Goldgruben sind noch im Betrieb. Die anfangs rasch aufblühenden Städte Meekatharra und Wiluna blieben in derEntwicklung stehen. Meekatharra ist heute derWollstapelplatz für die in regenarmer Umgebung betriebene Schafzucht. Zwar fehlt dem Scrub die Grasnarbe, doch finden die Schafe an den Blättern der Büsche noch ausreichende Nahrung. Eine gewisse Bedeutung hat der Ort noch als Ausgangspunkt der nach Marble-Bar führenden Straße.

Südlich der Bahnstrecke Geraldton—Mt. Magnet setzt sodann wieder das Gebiet des Winterregens an. Dort werden an der Küste Schafzucht, an den Westhängen des Hochplateaus Obstbau und auf dem westlichen Plateaurand Weizenbau und Schafzucht betrieben. Dichter besiedelt ist das Land (siehe Skizze 22). Seine wirtschaftliche Bedeutung wird auch durch den Ausbau von zwei gleichlaufend zur Küste von Geraldton nach Perth und York führenden Bahnlinien gekennzeichnet.

Perth, die Landeshauptstadt, mit dem Sitz der Regierung und einer Universität, liegt inmitten des reichsten Gebietes des Westlandes, im Schwanenlande. Die weitläufig gebaute Stadt beherbergt mit 287 000 Einwohnern etwa 50 % der Gesamtbevölkerung Westaustraliens. Das Stadtbild läßt aufstrebendes Leben erkennen. Es zeigt aber in seinen Grundzügen noch das Gepräge einer kolonialen Mittelstadt. Ihr Hafen Fremantle ist der erste Anlaufhafen der durch den Suezkanal kommenden Überseeschiffe und der Hauptumschlagsplatz der Güter des westaustralischen Binnenlandes. Er weist einen jährlichen Schiffsverkehr von 3 bis 3,5 Millionen Tonnen auf (Hamburg 1939 = 19 Millionen Tonnen). Von Perth werden die Post, Passagiere und Eilgüter mit der Eisenbahn oder auf dem Luftwege in wesentlich kürzerer Zeit nach Osten befördert, als die Dampfer nach Melbourne oder Sydney benötigen. Die auf Normalspur laufende Eisenbahn ist ein neuzeitlich entwickeltes Verkehrsmittel. Ihre Zweigstränge verbinden Perth mit den vielbesuchten Badeorten am Meeresstrande und anderen Ausflugsplätzen.

Ostwärts von Perth liegen im Zuge der transaustralischen Bahnlinie Coolgardie und Kalgoorlie bei den Goldfeldern der „Goldenen Meile". Während die alluvialen Oberflächenfunde bei Coolgardie erschöpft scheinen und die Stadt selbst sich im Niedergang befindet, gestatten die Gruben der „Goldenen Meile“, einer Tasche im Muttergestein, noch den lohnenden Abbau. Die künstliche Wasserversorgung des Gebietes ließ in Kalgoorlie Boulder inmitten einer an sich öden Landschaft eine Stadt mit 18900 Einwohnern entstehen. Von ihr führen je eine, etwa 350 km lange Stichbahn nach Nordwesten in die Goldfelder von Laverton am Rande der Großen Victoria-Wüste und nach Süden über die Dundas-Goldfelder zum Südhafen Esperance.

Das Küstengebiet und der Hochlandrand zwischen Perth und Albany bilden den fruchtbarsten und ertragreichsten Landstrich Westaustraliens. Es weist daher auf weite Strecken eine Bevölkerungsdichte von bis zu acht Menschen je Quadratkilometer auf. Die bereits erwähnten Jarrawälder, die besten Weingärten, ansehnliche Höhlen im Randgebiet der Darling-Ranges und viele landschaftlich schöne Plätze wie auch der prächtige, durch eine Senkung entstandene Naturhafen von Albany werden in zunehmendem Maße von Touristen besucht.

Der kleine Südhafen Bunbury ist der Ausfuhrplatz der bei Collie in den einzigen Kohlengruben Westaustraliens gewonnenen Steinkohle.

Klimatisch und wirtschaftlich kann dieses Gebiet zwischen Perth und Albany als das Herz Westaustraliens angesprochen werden. In diesem Raume liegt zur Zeit der Schwerpunkt des westaustralischen Wirtschaftslebens. Aber auch das Gesamtgebiet von der Sharks-Bai bis zur Israelite-Bai könnte eine erhebliche Steigerung der landwirtschaftlichen Produktion erfahren, während im Norden des Westlandes die Viehhaltung, wie auch dort im Binnenland der Abbau anderer Mineralien als Gold wohl verstärkt werden könnten. So ist Westaustralien im Raume seines Westlandes in erster Linie geeignet, bei entsprechender Kapitalsanlage größere Einwanderermassen unter verhältnismäßig günstigen Bedingungen aufzunehmen.

Das S a v a n n e n l a n d umfaßt die nördlich des 20. Breitengrades im Bereich der sommerlichen Nordostmonsune liegenden Gebiete Australiens. Es gehört etwa zu je einem Drittel zu den Ländern Westaustralien, Nordaustralien und Queensland.

Die an sich in den Sommermonaten reichlich niedergehenden Regen (siehe Skizze 16) werden in ihrer Wirkung durch die sommerliche Verdunstung und die Wintertrockenheit beeinträchtigt. Somit entsteht dort eine tropische Flora nur auf engen Räumen der regenreichsten Küstensäume sowie in einigen Flußniederungen, während den Hauptteil des Landes die wechselnd dichten Baumsavannen einnehmen. Sie gehen nach Süden in die Grassavannen über. Die Baumsavannen sind in den weniger heißen Landstrichen zur Schafzucht, in den wärmeren zur Rinderzucht geeignet.

Das Gesamtgebiet ist streckenweise noch kaum erforscht, im ganzen noch wirtschaftlich schwach entwickelt und daher nur dünn bevölkert (siehe Skizze 22). In fast unberührter Naturlandschaft leben dort noch viele Eingeborene. Besonders im Nordosten und Osten sind die Mischtypen melanesischen Einschlages zu treffen. Die gegenüber dem trockenen Binnenlande wesentlich günstigeren Lebensbedingungen sind die Ursache der körperlich besseren und kulturell etwas höheren Entwicklung der Eingeborenen in dieser

Gegend. Sie ermöglichten auch teilweise die Heranziehung der Eingeborenen zur Mitarbeit auf den Viehzuchtstationen.

Der Anteil Westaustraliens am Savannenland besteht in den Gebieten der „80-Meilen-Küste", des Dampier-Landes und des Kimberley-Distriktes. Die beiden letzteren Gebiete werden auch als Tasman-Land bezeichnet.

Die „80-Meilen-Küste" bildet einen 400 km breiten, flachen Küstenstreifen als offenen Auslauf der Großen Sandwüste, deren Sandmassen der Wind in das Meer hinausträgt. Die in den Sommermonaten wasserführenden Flüsse mäandern oder neigen, wie der Grey-Fluß, zur Deltabildung. Das Land ist fast vegetationslos und bis auf einige wenige Rinderstationen im Bereich von Wasserlöchern bei Wallal unbewohnt. Nur schmale Streifen tragen eine dünne Pflanzendecke und in Küstennähe einige wenige Eukalypten. Gelegentlich begleiten auch Mangroven den Strand.

Am Nordostrand der „80-Meilen-Küste" ist Broome der Stützpunkt einer mit etwa 130 Booten betriebenen Perlenfischerei, deren Erträge, vor allem Perlmutt, nach den USA gehen. Der kleine Hafen, dessen Gewässer einen Gezeitenhub von 8,5 m aufweisen, kann von großen Schiffen nicht angelaufen werden. Auch kleine Schiffe liegen bei Ebbe auf Grund, so daß die Fracht mit Pferdegespannen unmittelbar an die Schiffe herangefahren werden kann. Die Stadt selbst erscheint als grüne Oase inmitten der trostlosen Umgebung. Doch vor ihren Toren scheint die „Weiße-Mann-Politik" haltgemacht zu haben, denn Japaner und Indonesier dienen als Taucher auf den Booten, Chinesen haben sich als Händler in der Stadt niedergelassen, während Indonesier und auch Eingeborene als Hafenarbeiter tätig sind. So weist die größte Stadt des Nordwestens eine Einwohnerzahl von etwa 600 Weißen und 3400 Farbigen auf.

Das nördlich Broome gelegene Dampier-Land ist eine vorwiegend von Baumsavannen bedeckte Halbinsel, deren Flächen Schaf- und Rinderherden erträgliche Weiden bieten. Die den Tropen zuneigenden klimatischen Verhältnisse fördern bereits das Auftreten von Tropenbäumen wie Pandanus und Baobab. Der dieser Landschaft eigene Pflanzenwuchs wird als „Pindan" bezeichnet. Er vereinigt Akazien, Bauhinia, Cajuput (Schlingbäume) und Bloodwood zu lichten, bis 6 m hohen Baumbeständen. Die einzige größere Siedlung auf der Halbinsel ist die katholische Mission-Beagle-Bai, deren Mönche zum Teil deutscher Herkunft sind.

Am King-Sound schließt sodann die zerklüftete Felsenküste von Kimberley mit ihren weit in das Land hineingreifenden Buchten und vielen kleinen vorgelagerten Inseln an. Einsame Fjorde weisen Mangrovendickungen und Ansätze einer tropischen Vegetation auf. Auch das Landesinnere ist stark zerklüftet. Zwischen den Horstgebirgen der King-Leopold-Ranges, der Howitt-Kette und noch anderen Bergzügen, haben Flüsse und Creeks tiefe, oft unüberschreitbare Rinnen gegraben. Sie erschweren daher den Verkehr erheblich. Lichter Eukalyptuswald deckt die zerrissenen Ebenen, während auf steinigem Untergrund die Scrubs in den Vordergrund treten. Die dort, wie auch im Dampier-Land befindlichen neu- und altaustralischen Felsenmalereien wurden 1938—1939 von der nordwestaustralischen Frobenius-Expedition erforscht. In Anbetracht der ungünstigen klimatischen Verhältnisse und der Unwegsamkeit des Gebietes ist das Binnenland bis auf eine Presbyterianer Mission von Weißen kaum besiedelt. Dafür werden um so häufiger Eingeborene angetroffen, die dort in einer Art Reservat leben.

Am Südwestrand des Kimberley-Landes, in dem King-Sound, ist die kleine Stadt Derby am Saume eines lichten Eukalyptus-Waldgebietes der Ausfuhrhafen für die Erzeugnisse der Rinderfarmen des südöstlich gelegenen Fitzroy-Graslandes. Der das ganze Jahr wasserführende Fitzroy-River sowie artesische Brunnen fördern dort das Wachstum ertragreicher Weiden. Die in der Nähe am Yampi-Sound zutage tretenden Eisenerzlager mit einem auf 100 Millionen Tonnen geschätzten Bestand werden zur Zeit noch nicht ausgebeutet. Sie könnten jedoch für die Zukunft des Hafens von Bedeutung werden, wenn die im heißen Gebiet allein mögliche Beschäftigung Farbiger im Bergbau gestattet würde. Durch das kaum besiedelte Gebiet führt zur Zeit nur ein Pfad neben der Telegraphenlinie über die Siedlung Fitzroy am Margaret-River zur Polizeistation Halls Creek in Nähe der wenig ertragreichen Kimberley-Goldfelder und sodann nach Norden zum kleinen Hafen Wyndham im Cambridge-Golf in der Nähe des Ord-River. Wyndham mit seinem großen staatlichen Rinderschlachthof ist ein typischer Saisonort, zu dem vom April bis September das Schlachtvieh von den Weiden am Ord-River getrieben wird. Herrscht in diesen Tagen dort Hochbetrieb, so wird es in der Stadt mit den merkwürdigen Flaschenbäumen auf ihren Straßen im Sommer still. Die weißen Saisonarbeiter verlassen die Stadt mit Anbruch der heißen Zeit, und nur etwa 50 Weiße sowie einige hundert Chinesen bleiben zurück.

Der nordaustralische Anteil am Savannenland besteht aus der breiten in die Arafura-See hineinragenden Halbinsel mit dem wenig erforschten Arnhem-Land und dem südlich anschließenden Binnentafelland. Im Gebiet der Halbinsel fließen die nur schwach in den Boden eingegrabenen Wasserläufe vom Kernland aus radial zum Meer, während im Binnenland die Creeks in dem mächtigen Sumpfsee des Polygonum Swamp enden.

Im Arnhem-Land fällt das kaum größere Erhebungen aufweisende Hochplateau in steiler, buchtenreicher Küste zum Meer. Das besonders im Nordosten noch kaum durchforschte Gebiet ist zur Zeit noch den Eingeborenen überlassen. Im Nordwesten ist in landschaftlich schöner Felsenbucht Port Darwin mit 15000 Einwohnern die bedeutendste Hafenstadt im weitgespannten Raume des Savannenlandes. Gepflegte Gärten, neuzeitliche, auf Pfeilern ruhende Tropenhäuser am Rande sauberer Straßen helfen den Weißen die Plagen des Klimas zu überwinden. Als Ausgangspunkt des nördlichen Überseekabels und der Australien von Norden nach Süden durchquerenden Telegraphenleitung, sowie als Umschlagplatz der im Binnenland gewonnenen Güter des Bergbaus und der Viehzucht kommt dem Platz einige Bedeutung zu. Sie steigerte sich noch während des letzten Krieges durch die Verwendung des Hafens als Flottenstützpunkt. Doch ganz besonders in Darwin wird die Entwicklung durch die Weiße-Mann-Politik gehemmt. In dem feuchtwarmen Klima sind weiße Arbeitskräfte, zum mindesten im Sommer, schwer zu bekommen, und Farbige sind nicht zugelassen.

So wird neben dem geringen Abbau von Kupfer und Zinn bei Pine Creek und Marranboy nur noch Rinderzucht an den Randgebieten der Flüsse betrieben. Die Flußniederungen selbst leiden unter den weiten, das Arnhem-

Land oft für Monate unwegsam machenden Überschwemmungen in den Zeiten des Sommerregens. Sie weisen daher auch vielfach ausgeprägten tropischen Pflanzenwuchs auf mit Pandanus-Hainen und Bambusdickicht.

Die von Port Darwin ausgehende transaustralische Nord-Süd-Eisenbahn im Zuge der großen Überland-Telegraphenlinie ist nur als Schmalspurbahn auf etwa 450 km Länge bis zur Station Birdum fertiggestellt. Der von dort sowohl nach Alice Springs als auch von Daily Waters nach Queensland bestehende Kraftwagenverkehr hat durch den Bau der Kraftwagenstraße eine erhebliche Steigerung erfahren. Bei Daily Waters, einer kleinen Station am Rand eines Wasserpfuhles, geht schließlich die Baumsavanne in die Grassavanne über.

Von Queensland gehören das Barkley-Table-Land, das Hochland von Cloncurry, die Ufer des Carpentaria-Golfes und die Kap-York-Halbinsel zum Savannenland. Das Barkley-Table-Land ist allerdings kaum ein Tafelland, sondern in Verbindung mit den auf nordaustralischem Territorium liegenden Coast-Ranges ein flachwelliges Hügelland. Der Hauptort des vorzüglichen Graslandes ist die Steppenstadt Camooweal an der Westgrenze von Queensland. Als Treffpunkt und Warenplatz der weit im Lande verstreut wohnenden Viehzüchter sowie Durchgangsort der Straße von Daily Waters nach Cloncurry ist der Platz mit seinen wenigen hundert Einwohnern sogar an das Luftverkehrsnetz von Queensland angeschlossen. Die vorwiegend von Squattern betriebene Rinderzucht könnte durch Anlage von artesischen Brunnen auf erheblich breitere Basis gestellt werden. Die Squatter als Kleinbesitzer sind jedoch nicht in der Lage, die hohen Brunnenbaukosten aufzubringen.

Im anschließenden Hochland von Cloncurry beginnt der Boden steiniger zu werden. An Stelle des saftigen Mitchell-Grases des Barkley-Table-Landes tritt das dürre Spinifex-Gras, so daß dieses Gebiet nur noch in geringem Umfang für die Viehzucht geeignet ist. Dahingegen gewinnt um Cloncurry der Abbau von Mineralien, neben Gold vor allem Kupfer, an Bedeutung. Cloncurry, durch eine Schmalspurbahn mit Townsville an der Korallenmeer-Küste verbunden und ebenfalls dem Luftverkehrsnetz angeschlossen, ist ferner ein wichtiger Knotenpunkt der von allen Himmelsrichtungen dort zusammenlaufenden Wege und Telegraphenlinien.

Das Hochland von Cloncurry neigt sich allmählich zum weitläufigen Becken des häufig von Stürmen heimgesuchten Carpentaria-Golfes. Seine Randgebiete sind durch zahlreiche Wasserläufe stark gegliedert. Der bedeutendste dieser Flüsse ist der von den Australischen Kordilleren kommende Flinders-River. Während das Land zwischen den Flußläufen für die Rinderzucht wohl geeignet ist, gestatten die Flußniederungen den tropischen Ackerbau. Seine Verwirklichung wird auch dort durch den Mangel an farbigen Arbeitskräften verhindert. Für die Gesamtentwicklung des Uferlandes ist ferner der Mangel an geeigneten Hafenplätzen störend. Einerseits umsäumen die undurchdringlichen Mangrovenwälder weite Strandgebiete, andererseits ist der Carpentaria-Golf so flach, daß bei ablandigen Winden das Meer weit zurücktritt. Die kleinen, wegen der Mangrovendickungen landeinwärts an den Flüssen liegenden Häfen, wie Burketown am Gregory-River und Normanton am Flinders-River, haben nur örtliche Bedeutung. Burketown ist der Verladeort für die Viehstationen der Coast-Ranges und des

Barkley-Table-Landes, während Normanton zur Erschließung der Goldfelder von Croydon mit diesem Ort durch eine Eisenbahn verbunden ist.

Die Kap-York-Halbinsel nördlich der Linie Normanton—Cairns ist infolge ihres feuchtheißen Klimas und ihrer Unwegsamkeit noch kaum erforscht. Sie ist daher noch den Eingeborenen überlassen, obwohl das dem Westhang der Australischen Kordilleren vorgelagerte Land über ausreichende Wasser und Rinderweiden verfügt. Das zu dreiviertel des Jahres für den weißen Menschen klimatisch unzuträgliche Gebiet enthält nur auf der dem Nordkap vorgelagerten Insel Thursday eine Niederlassung Weißer zum Betrieb der Perlenfischerei sowie der Gewinnung von Trepang und Schildpatt.

Eine vergleichende Betrachtung der klimatischen Verhältnisse Nordaustraliens und der Sunda-Inseln läßt erkennen, daß Nordaustralien, zum mindesten im Bereich des Savannenlandes, kaum minder entwicklungsfähig ist als viele der Sunda-Inseln. Viehzucht, tropischer Ackerbau und Bergbau könnten wohl in erheblich stärkerem Umfang betrieben werden, wenn die Einwanderungsfrage und damit die Arbeiterfrage eine Lösung fände. Sie müßte wohl auf der beschränkten Freigabe des nordaustralischen Raumes für farbige Arbeiter beruhen.

Das mittlere Inselbergland bildet den Kern Inneraustraliens. Es ist ein weitläufiges, von Inselbergen und Gebirgen überragtes Tafelland im Grenzraum zwischen Nord- und Südaustralien. Die dieses Kernland umschließenden Wüsten, Halbwüsten und Grassavannen stoßen nur im Nordwesten an der „80-Meilen-Küste" und im Süden unmittelbar bis an das Meer vor, während sie im Westen und Osten allmählich in die höher entwickelten Landschaften übergehen.

Vom Savannenland Nordaustraliens steigt das Hochplateau ganz allmählich zum Mittelraum des zentralen Tafelberglandes empor. Die weiten, roten Sandebenen der nördlichen Randgebiete, die im Osten stellenweise als welliges Hügelland erscheinen, werden im Zuge der Nord-Süd-Telegraphenlinie nur von wenigen, die Ebene meist nur um 100—150 m überragenden Bergketten unterbrochen. Es sind dieses bei der Station Tennants Creek die aus rotem Sandstein hohen geologischen Alters bestehenden und durch Erosion stark abgetragenen, bis 400 m hohen MacDouall-Ranges, weiter südlich die Davenport- und Murchison-Ranges, sodann die beiden, die Station Barrow Creek umschließenden Ketten der Crawford- und Forster-Ranges, sowie endlich südlich der Station Teatree Well noch einmal die Reynold-Ranges. Das Gesamtgebiet liegt im Wirkungsbereich der Nordostmonsune, deren sommerliche Niederschläge sich infolge der auffangenden Wirkung der Höhenzüge der zentralen Inselberge im Südraume etwas verdichten. Somit geht das im Norden vorkommende Spinifex-Gras im Süden und Osten in weicheres Speergras über. Da sich ferner in dem von zahlreichen Termitenhügeln übersäten Flächen die Regenwasser in einigen Wasserlöchern halten, ist das Gebiet im allgemeinen für eine extensiv betriebene Schaf- und Rinderzucht geeignet. Die Schafzucht wird jedoch durch das Auftreten der Dingos, die nur durch kostspielige Zaunanlagen von den Herden ferngehalten werden können, fast unterbunden.

Die bei Barrow Creek 1926 entdeckten Goldfelder scheinen keine bedeutende Ausbeute zu haben, so daß das Gesamtgebiet nur sehr dünn besiedelt und daher wirtschaftlich auch kaum erschlossen ist. Ebensowenig wurde es bisher eingehend erforscht.

Im Gleichlauf mit dem Wendekreis erheben sich sodann die in ihren Grundzügen dreigegliederten Ketten der MacDonnell-Ranges bis zur Höhe von 1500 m. Der nördliche Höhenzug aus archäischem Gneis und Glimmerschiefer erscheint als ein allmählich bis zu 700 m ansteigendes Hügelland. Er wird um 300—900 m überragt von der durch das schmale Meerenie-Tal getrennten doppelten Mittelkette aus steilgefalteten kambro-ordovicischen Schichten, deren Quarzitwände zwei mächtige, 250 km lange Mauerwälle bilden. Der nördliche Wall dieser Mittelkette verbreitert sich im Osten, während er im Westen im 1500 m hohen Mount Sounder seine höchste Erhebung erreicht. Die dritte südliche Kette, durch die Missionsebene mit der Missionsstation Hermannsburg des deutschen Stammhauses in Hannover von der Mittelkette getrennt, besteht als ausgesprochenes Inselgebirge aus paläozoischem Sandstein mit eingebettetem Quarzitkern. Über der südlich vorgelagerten, sich allmählich senkenden Unterplatte erheben sich sodann noch verschiedene kleinere Inselberge.

Die Wasserscheide Zentralaustraliens liegt in der nördlichen Hügelkette der MacDonnell-Ranges. Die von ihr aus nach Südosten und nach Süden

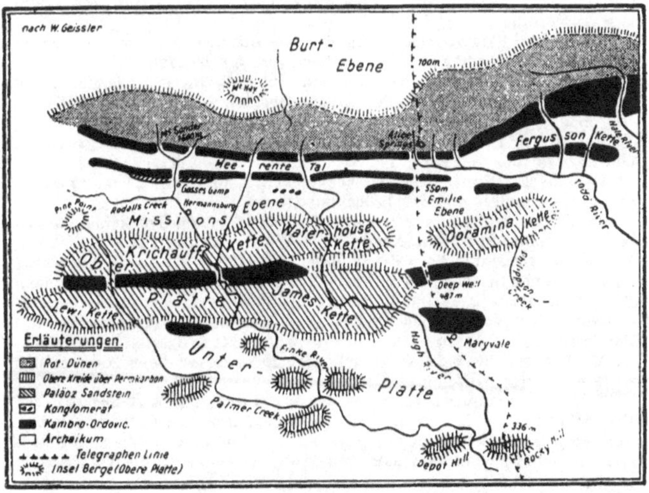

Skizze 27: Gliederung und geologischer Aufbau der MacDonnell-Ranges
Maßstab: etwa 1: 4,5 Millionen

fließenden Wasserläufe durchbrechen die Mittel- und Südketten in verschiedenen, teilweise zur Klamm gestalteten Schluchten.

Demnach müssen die in einer Zeitspanne feuchten Klimas wasserreichen Flüsse in einer Periode der allmählichen Aufwölbung des Gebirges ihren nach Süden gerichteten Lauf beibehalten haben. In vegetationslosen Felsentälern der Durchbrüche halten sich auch in der Wintertrockenzeit einige Wasserlöcher im Schattenschutz der steilen Felsenwände. Zersplitterte Baumstämme und Anhäufung von Gestrüpp an vielen Stellen der Schluchten zeugen von den Gewalten der in der Regenzeit durch diese Engpässe brausenden Wassermassen, die Bäume und Gebüsch der Scrublandschaften in den Längstälern mit sich reißen.

Im Zuge des Durchbruches des westlichen Quellarmes des Todd-River durchquert auch die Nord-Süd-Telegraphenlinie die MacDonnell-Ranges. Der Durchbruchsstelle nördlich vorgelagert liegen die kleinen Niederlassungen Stuart und Alice Springs mit der Telegraphenstation, die zugleich der Endpunkt der vom Süden kommenden australischen Nord-Süd-Bahn wie auch die Hauptstadt der von der Bundesregierung unmittelbar verwalteten Zentralprovinz ist. Während Scrub und Spinifex-Gräser in der Missionsebene im bescheidenen Umfang die Rinderzucht ermöglichen, mußte der Versuch der Schafzucht sowohl wegen der Kaninchenplage als auch wegen der Dingos aufgegeben werden. Auch der Mangel an Arbeitskräften macht sich dort fühlbar.

Nördlich der Fergusson-Kette bieten die Arltanga-Goldfelder und Marienglasfunde Prospektoren einen mühseligen geringen Gewinn.

Weiter im Süden werden sodann die Spinifex-Gräser tragenden roten Sanddünen noch einmal von dem langgestreckten, bis zu 1594 m Höhe ansteigenden Granitbergen der Musgrave-Ranges unterbrochen, die sich nach Westen in den Petermann-Ranges fortsetzen. Fast in der Mitte zwischen den MacDonenll- und Musgrave-Ranges liegt der 180 km lange, ausgetrocknete Amadeus-See mit seiner weißleuchtenden Salzfläche wiederum zwischen roten, mit Spinifex-Gräsern bedeckten Dünen.

Westlich des zentralen Inselgebirges erstrecken sich die Trockenlandschaften der Großen Sandwüste, der Gibson-Wüste und der Großen Victoria-Wüste. Das Gesamtgebiet weist keinerlei Wasserläufe auf. Immerhin wurde im Zuge einer in den Jahren 1906—1907 festgelegten Viehdrift zwischen Wiluna und Halls Creek am Südrande des Kimberley-Distriktes das Vorhandensein einiger von Palmen umstandenen Wasserlöcher inmitten der von Tafelbergen überhöhten Spinifex-Dünenlandschaft festgestellt. Es besteht die Möglichkeit, daß bei einer eingehenden Erforschung dieses Raumes sich weitere günstige Aufschlüsse ergeben.

Ähnlich scheinen die Dinge im Gebiet der Gibson-Wüste zu liegen, deren Erforschung bis in die jüngste Zeit durch die feindselige Haltung der Eingeborenen erschwert wurde. Es steht zu erwarten, daß in den Senken des zerklüfteten Hügellandes Wasserstellen wie Weideflächen die Viehhaltung ermöglichen.

Dahingegen ist die Große Victoria-Wüste fast völlig wasserlos. Ihre weiten Ebenen werden gelegentlich von bis zu 30 m hohen Inselbergen überragt. In flachen Senken, wie im Nomansland, liegen trockene Salzpfannen. Nicht minder trostlos erscheint zum mindesten in ihrem nördlichen Teil die von der transaustralischen Eisenbahn durchquerte Nullarbor-Ebene. Das verkarstete tertiäre Kalkgestein verhindert jede Flußbildung. Weder Mensch noch Tier halten sich in diesem Ödland auf. Nur im schmalen Küstenstreifen am Rande der Großen Australischen Bucht treten wiederum im Winter etwas stärkere Regenfälle auf. Auch gestatten dort artesische Brunnen die Verbesserung der Wasserhaltung, so daß in dem mit Salzbusch bedeckten Gelände Schafzucht betrieben wird.

Das Gebiet östlich der Zentralgebirge wird von der Depression des Eyre-Sees beherrscht. Während im Norden noch auf schmalem Raum ein Übergang zum Savannenland die Viehhaltung ermöglicht, stellt die Senke des 12 m unter dem Meeresspiegel liegenden Eyre-Sees wohl das ausgeprägteste Wüstengebiet Australiens dar. Die Trockenrinnen der Wasserläufe ruhen kaum erkennbar in flachen Mulden, so daß die Wasserläufe in der Regenzeit riesige Überschwemmungen verursachen. Ihre Wasser decken dann infolge des geringen Gefälles zum Eyre-See wochenlang weite Flächen und versickern meist im Boden, bevor sie den Eyre-See erreichen. Der See selbst stellt eine riesige, in der Regenzeit zu gefährlicher Morastbildung neigende Salzwüste etwa von der Größe Badens dar.

Etwas freundlicher ist die Landschaft an den Ufern der südlich anschließenden, etwa 30 m höher liegenden Seenplatte mit dem Torrens-See und dem sogar 112 m hoch liegenden Gairdner-See. Dort, wie in den Tälern der das Seengebiet nach Osten abschließenden Flinders-Ranges wird extensive Viehzucht betrieben. Das aus kambrischen Gesteinen bestehende Horstgebirge ist auf seinen geröllbedeckten Höhenzügen völlig kahl und bildet eine verkehrsfeindliche Schranke, die das ebenfalls wüstenähnliche, bis zu den Barrier-Ranges reichende Gebiet des From-Sees von der westlichen Seenplatte trennt. Nur wenige Siedlungen liegen westlich der Flinders-Ranges im Zuge der transkontinentalen Nord-Süd-Bahn. Die am Westhang des Gebirges festgestellten Vorkommen von Kupfer, Blei und Radium sind noch nicht erschlossen.

Zu erwähnen bleibt schließlich noch das Übergangsgebiet zwischen dem Eyre-See und der Großen Victoria-Wüste, das sogenannte Gibberland, als Fundort von Opalen. Die dort liegende Stuart-Kette erhebt sich kaum über den Boden und weist nur nach Norden einen erkennbaren, stark zerklüfteten Steilrand auf. Nur wenige Sträucher stehen auf dem vom Geröll bedeckten unwegsamen Trockenboden, der sich als wüstes Trümmerfeld bis zur transkontinentalen Nord-Süd-Bahn erstreckt.

Die ganze Öde der zentralaustralischen Landschaft wird allein dadurch gekennzeichnet, daß auf einem Raum von etwa der vierfachen Größe Frankreichs kaum 2000 Weiße und etwa 20000 Eingeborene leben.

Das Goyderland bildet den wirtschaftlichen Kern Südaustraliens. Die etwa in Höhe des Südrandes der Hauptkette der Flinders-Ranges beginnende, nach ihrem Erforscher genannte Goyderlinie ist durch den klaren Ansatz einer Vegetationszone erkennbar. Das Jahresniederschlägen bis zu 500 mm ausgesetzte Gebiet wird durch die Südausläufer der Flinders-Ranges und verschiedene weit in das Land hineingreifende Meeresarme in vier Landschaften gegliedert. Es sind diese im Westen die Eyre-Halbinsel, nach Osten anschließend die Yorke-Halbinsel, sodann die zwischen dem St.-Vincent-Golf und der Alexandrina-See zur Känguruh-Insel vorspringende Halbinsel sowie endlich das Gebiet am Unterlauf des Murray.

Die im Norden durch die Gawler-Ranges begrenzte, im allgemeinen flachgewellte Eyre-Halbinsel stellt eine präkambrische Tafel dar, unter deren jungen, sandigen Ablagerungen Gneise, Granite wie auch Schiefer oder Quarzite ruhen. Die seitlichen Küsten des Halbinseldreiecks sind dem Verkehr ungünstig, da sie besonders im Spencer-Golf ausgedehnte Sandbarren aufweisen. Nur im Süden treten reichgegliederte Granitfelsen unmittelbar an das Meer und bilden dort den guten Hafen Port Lincoln, der durch eine landeinwärts führende Eisenbahn mit den Weizenanbaugebieten von Ceduna und Kimba verbunden ist. Außerhalb der durch die Niederschlagsmengen gezogenen Grenzen des Weizenanbaus wird besonders im Westen die Schafzucht betrieben. Die regenarmen und daher wüsten Gawler-Ranges weisen an ihren Osträndern bei Iron Knob und Iron Monarch hochprozentige Eisenerze auf. Sie werden zur Verhüttung nach Newcastle verschifft.

Das zwischen dem Spencer-Golf und den Flinders-Ranges gelegene Vorland zur Yorke-Halbinsel und dem St.-Vincent-Golf, mit dem Eisenbahnknotenpunkt Peterborough, gestattet in den Tälern den Weizen- und Weinbau, die Anlage von Obstplantagen sowie auf guten Talweiden die Milchwirtschaft, während auf den Höhen Schaf- und Rinderherden gehalten werden. Die einst dort vorherrschenden Wälder sind jedoch fast völlig vernichtet.

Die in dem Raume am Spencer-Golf gelegenen Häfen Port Augusta, Port Pirie und Wallaroo dienen der Ausfuhr landwirtschaftlicher Erzeugnisse und der Erze von Broken Hill im Nordostsaum des Goyderlandes sowie der Kupfererze von Moonta auf der Yorke-Halbinsel. Das leicht gewellte Hügelland der Yorke-Halbinsel selbst ist bei reichlichen Niederschlägen dem Weizenbau sowie der Rinder- und Schafzucht nutzbar gemacht. In der Nähe des kleinen Südhafens Edithburgh werden Gips und besonders Salz für die Fleischkonservenfabriken des Ostlandes gewonnen.

Den landschaftlich reizvollsten und wohl auch ertragreichsten Teil des Goyderlandes bildet die Gawler-Ebene zu Füßen der Südausläufer der Flinders-Ranges, der Mount-Lofty-Kette. Auf den Hochflächen der niederschlagsreichen Berge stehen prächtige Nadelwälder. In den Tälern werden vor allem Hafer und Wein, in den nördlichen wärmeren Gegenden Südfrüchte und in den südlichen Landstrichen andere Obstarten angebaut.

Im Norden des Gebietes bei Kapunda und Burra wird Kupfer gewonnen, während die übrigen bisher in dieser Gegend festgestellten Mineralien, wie Gold, Silber, Blei und Wismut, noch keine bedeutende Ausbeute erbrachten.

Beiderseits der Mount-Lofty-Kette, zwischen Murray und dem St.-Vincent-Golf, zeugten noch bis 1914 viele deutsche Ortschaften nicht nur durch die Ortsnamen, sondern auch durch die Sprache, die Sitten der Bewohner, wie auch deutsche Hof- und Dorfformen für das erfolgreiche Wirken dorthin ausgewanderter schlesischer Bauern. Die betonte Entwicklung Australiens zum „Britenland" hat die Spuren des Deutschtums, zum mindesten in Ortsnamen und Sprache ausgelöscht.

Unter dem Westhang der 711 m hohen Mount-Lofty-Kette liegt sodann am Torrens-Fluß Adelaide, die Landeshauptstadt Südaustraliens, mit dem vorgelagerten Hafen Port Adelaide. Über die Hälfte der südaustralischen Bevölkerung lebt in der 416000 Einwohner aufweisenden betriebsamen Stadt mit ihren ansehnlichen Regierungsgebäuden, der Universität, sowie vielen Fabriken des Maschinen- und Lokomotivbaus. Auch Wollspinnereien und Ton- wie Glaswarenfabriken sind vertreten. Gartenreiche Villenvororte umschließen die nach einem großzügigen Plan mit breiten Straßen ausgestatteten Geschäftsviertel des Platzes. Am Meer ist Glenelg ein vielbesuchter Badeort. Der Hafen, mit einem Jahresverkehr um 5,5 Millionen Tonnen Schiffsraum, dient vorwiegend der Ausfuhr landwirtschaftlicher Erzeugnisse, nur im geringen Umfang der Ausfuhr von Kupfer, Blei, Zink und Silber.

Die dem St.-Vincent-Golf vorgelagerte Känguruh-Insel stellt die letzte Fortsetzung des Mount-Lofty-Horstes dar. Auf ihr wird präkambrisches Gestein von permoglazialen Ablagerungen überdeckt, als deren Zeugen gewaltige erratische Blöcke an der Nordküste zu finden sind. Lichter Eukalyptuswald und Scrub gedeihen dort und gestatten die Viehzucht, während die noch unzerstörte Hartkruste den an sich bei günstigen klimatischen Verhältnissen zulässigen Weizenanbau behindert.

Als letztes Glied des Goyderlandes bleibt sodann die Landschaft zwischen den Mount-Lofty-Bergen und dem Murray-Darling bis zum Südrand der Barrier-Ranges zu erwähnen. Sie war noch in der jungtertiären Zeit das Bett eines großen Golfes. Der durch die Ausläufer der Mount-Lofty-Kette aus seinem nach Westen gerichteten Lauf in südlicher Richtung abgelenkte Murray mündet in den Alexandrina-See, einem durch Hebung entstandenen Strandsee. Langgestreckte Sanddünenwälle bis herunter nach Beachport im Süden kennzeichnen durch gleichlaufende Ketten die durch die allmähliche Hebung stetig zuwachsende Küstenlinie.

Die durch die Verdunstung und Berieselung des Landes verminderten Wassermassen des ein nur sehr geringes Gefälle aufweisenden Murray verrinnen in seichten Strandseen. Der Fluß ist daher in seinem Mündungsgebiet nicht schiffbar.

Im Norden gehören die Bergwerke von Broken Hill noch zum Goyderland, politisch jedoch zu Neu-Süd-Wales und wirtschaftlich wiederum durch die teilweise Verschiffung ihrer Erze im Port Pirie am Spencer-Golf in gewissem Grade zu Südaustralien. Die Landschaft nördlich und westlich des Murray wird im unmittelbaren Bewässerungsgebiet des Flusses landwirtschaftlich genutzt, während abseits des Stromes der schwer urbar zu machende Scrub die an sich durch ausreichende Niederschläge mögliche Ackerwirtschaft hemmt.

Dahingegen ist der äußerste Südosten des Goyderlandes und Südaustraliens auf fruchtbarer vulkanischer Asche landwirtschaftlich hoch entwickelt. In dem regenreichen Gebiet werden Weizen, Hafer, Gerste, Kartoffeln und Zwiebeln angebaut. Gute Weiden gestatten eine ertragreiche Milchwirtschaft. So konnte sich der durch eine Eisenbahn mit Adelaide und Melbourne verbundene Ort Gambier zu einer Stadt mit über 6500 Einwohnern entwickeln. Ihre Umgebung zeigt das eindrucksvolle Gepräge einer Vulkanlandschaft. Neben dem sich unmittelbar über der Stadt erhebenden Mount

Gambier, mit seinem Kratersee, zeigen auf weitem Raum noch andere Berge die Spuren einer vulkanischen Zeit, vielleicht dem Pleistozän.

Nur ein Fünftel des südaustralischen Gesamtraumes nimmt das Goyderland ein. Es beherbergt aber an 98% der Gesamtbevölkerung des Landes und liefert auch etwa 90% seiner Gesamterzeugnisse.

Zum **Ostland**, dem dicht bevölkertsten Raum Australiens (siehe Skizze 22), gehören die Australischen Kordilleren von der Linie Normanton–Cairns im Norden bis zum Gebiet des Victoria-Landes im Süden einschließlich.

Die klimatischen Verhältnisse (Skizze 16), die Vegetation (Skizze 18) und die Bevölkerungsdichte lassen eine ausgesprochene Dreigliederung des Raumes erkennen.

Regenreich, fruchtbar und verhältnismäßig dicht besiedelt ist das Küstenland. Es weist in seinen nördlichen Gebieten tropischen Charakter auf, so daß der Schwerpunkt der Besiedlung von der Mitte des Küstensaumes nach Süden reicht. Schwächere, aber immerhin noch ausreichende Regenfälle, daher Kulturland und Baumsavannen mit einer mittleren Bevölkerungsdichte bis zu 4 Menschen auf 1 qkm kennzeichnen den mittleren Binnenraum des Ostlandes, während das Übergangsgebiet zum zentralen Inselbergland unter dem schroffen Wechsel zwischen Dürren der Trockenzeit und den Überschwemmungen der Regenzeit leidet. Es weist daher Grassavannen und Halbwüsten auf und ist infolgedessen nur dünn besiedelt.

Die Entwicklung der Küstenniederungen ist abhängig von der Breite und wirtschaftlichen Nutzung des Küstensaumes sowie von dem Grade der wirtschaftlichen Entwicklung des Binnenlandes, das in Queensland und im Norden von Neu-Süd-Wales vorwiegend durch von der Küste nach Westen führende Stichbahnen und Straßen erschlossen wird. Im Süden von Victoria erreichen wirtschaftliche Entwicklung, Dichte des Verkehrsnetzes und Besiedlung den Höhepunkt in Australien. Von den drei Staaten im Raum des Ostlandes ist Queensland der größte und mit 0,7 Einwohnern je Quadratkilometer der am schwächsten besiedelte Teil des Ostlandes und Victoria der kleinste, dafür aber mit 9,7 Einwohnern je Quadratkilometer der am dichtesten besiedelte Staat.

Im äußersten Norden des Ostlandes ist Cairns mit 17300 Einwohnern und einem jährlichen Schiffsverkehr von durchschnittlich 650000 Tonnen der Ausfuhrhafen von Erzen, Zucker, Bananen, Südfrüchten und Edelhölzern. Kokospalmen am Strande, Zuckerrohrfelder und Südfruchtplantagen in den Niederungen, sowie üppiger tropischer Regenwald in den Bergen kennzeichnen die landschaftlich schöne Küste mit ihren vorgelagerten Korallenriffen als Tropengebiet, das der körperlichen Betätigung des weißen Mannes bestimmte Grenzen setzt. Chinesen und seit der Beschränkung der Einwanderung Farbiger auch Italiener arbeiten dort auf den Plantagen. Die von Cairns nach Westen führende Eisenbahn dient der Erschließung der Erz- und Kohlevorkommen von Hodginson und Herberton im Bereich der Großlandschaft des Savannenlandes. Im 900–1000 m hohen Hochlande werden noch Getreide und Mais angebaut. Saftige Hochweiden gestatten dort die Milchwirtschaft, während die Wälder Hartholz wie Cedra australis, Silky Oak, Ahorn und Weißbuche liefern. Angesichts des beschränkten Hinter-

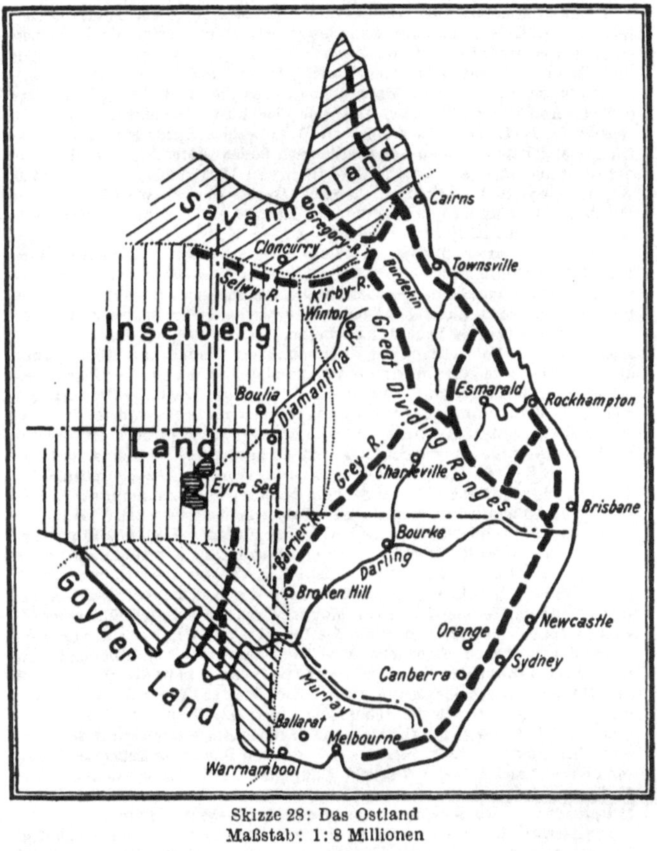

Skizze 28: Das Ostland
Maßstab: 1: 8 Millionen

landes und der für Überseeschiffe gefährlichen Küstengewässer ist der Schiffsverkehr in Cairns beachtlich.

Weiter südlich ist sodann der Hafen von Townsville mit 35 206 Einwohnern und einem jährlichen Schiffsverkehr von über 1 Million Tonnen der Ausfuhrhafen eines weiten Hinterlandes, das Zucker, Wolle, Gold, Kupfer und andere Mineralien liefert. Eisenbahnwerkstätten in der Stadt, Gießereien und große Schlachthöfe sowie riesige Wollschuppen sind die Anzeichen einer sich entwickelnden Industriestadt in einer weiten, von Granitbergen und Felseninseln umschlossenen Bucht. Palmen und Pandanusbäume gedeihen in den Niederungen. Mangroven säumen die durch die Aufschüttungen des Roß-River gebildeten Teile der Flachküste. Beiderseits der Stadt werden in Rodungen des tropischen Regenwaldes Zuckerrohr und Südfrüchte angebaut. Die von Townsville nach Süden führende Bahn überwindet in schluchtartigen Einschnitten die bis zu 1200 m Höhe ansteigenden Küstenketten und erreicht in Charters Towers das im Westen von den Great-Dividing-Ranges abgeschlossene Hochtal des Burdekin, der nach Aufnahme eines südlichen Nebenflusses das Küstengebirge nach Osten durchbricht. Charters Towers hatte in seiner Glanzzeit als Zentrum eines Goldfelderdistrikts 22000 Einwohner. Mit dem Nachlassen der Goldfunde wurde es stiller um die betriebsame Stadt. Sie hat sich jedoch inmitten des für die Rinderzucht günstigen Gebietes durch eine kleine holzverarbeitende Industrie eine gewisse Bedeutung erhalten. Weiter nach Westen zweigt bei Hughenden ein Nebenstrang der Eisenbahn nach Winton zum Mittelpunkt der Schafzucht im Nordwestraum des Ostlandes ab. Es ist das Übergangsgebiet zum Inselbergland. Von allen Seiten der Great-Dividing-Ranges ziehen die Wasserrinnen der Creeks, unter ihnen der bedeutendste, der Diamantina-River, dem Eyre-See zu. Sommerregen bringen dort oft verheerende Überschwemmungen, dafür aber auch gute grüne Weiden. Artesische Brunnen helfen die Wintertrockenzeit zu überwinden. Die Hauptlinie der Bahn führt jedoch nach Cloncurry, dem Hauptverkehrsknotenpunkt inmitten des an Mineralien reichen Barkley-Table-Landes (siehe Seite 69).

Die von Cairns über Townsville bis Sydney führende Küstenbahn erreicht bei dem kleinen Hafen Rockhampton den Wendekreis und geht damit nach Süden in den Bereich der subtropischen Regenwälder über. Rockhampton ist mit 36000 Einwohnern der Ausfuhrhafen des bedeutenden Kupferbergwerkes und der Schmelzhütte von Mount Morgan, des in den Küstenniederungen angebauten Zuckers sowie des Fleisches und der Wolle der im Binnenland betriebenen Viehzucht. Ein Zweigstrang der von Rockhampton nach Westen führenden Bahn verbindet von Esmarald aus das Hauptgebiet der Rinderzucht bei Springsure. Weiter nach Westen durchqueren die Bahn und sodann eine Straße die Schafzuchtgebiete am Nordostrand der Eyre-Senke. Auch dort wird durch artesische Brunnen eine Verbesserung der Wasserverhältnisse erzielt. Die einsame Schafstation Baulia am äußersten Westrand des Ostlandes ist der westliche Endpunkt dieser Straße. Clermont, am Endpunkt einer von Esmarald nach Süden führenden Stichbahn, bildet den Mittelpunkt des Gold-, Kupfer- und Kohlenbergbaus in diesem Gebiet.

Die nächsten bedeutenden Häfen an der Südostküste von Queensland sind Bundaberg und Maryborough. Bundaberg, mit fast 16400 Einwohnern, ist der Ausfuhrhafen für Zucker und Kupfer der Mount-Perry-Gruben, während Maryborough mit etwa 11000 Einwohnern den Ansatz einer industriellen Entwicklung erkennen läßt. Das landeinwärts gelegene Burrum-Kohlengebiet war die Voraussetzung für das Entstehen einer landwirtschaftliche Maschinen und sogar Lokomotiven herstellenden Eisenindustrie von Maryborough, während Zucker- und Butterfabriken die Erzeugnisse des Küstenlandes und der durch kurze Zweigbahnen an die Küstenbahn angeschlossenen Gebiete des Binnenlandes verarbeiten.

Fast in der Südostecke von Queensland liegt sodann Brisbane, mit über 424 000 Einwohnern die größte Hafen- und zugleich Hauptstadt des Landes. Der jährliche Schiffsverkehr dieses von Überseeschiffen angelaufenen Hafens beträgt über 3,5 Millionen Tonnen. Als Sitz der Regierung, einer Universität und eines katholischen Erzbischofs zeigt die Stadt Großstadtgepräge. Ein Kranz von Bungalows liegt auf den Hügeln über der Stadt, die von den Südausläufern der Great-Dividing-Ranges überragt wird. Üppige Wälder bedecken die Berge. Schöne Badeplätze, wie Southport, bietet der Strand.

Von Brisbane führen zwei Eisenbahnlinien nach Westen in das fruchtbare Weizengebiet des nördlichen Darling-Murray-Beckens. Von Charleville, dem Endpunkt der nördlichen Bahn, an der auch Mitchell, das Zentrum der Schafzucht von Süd-Queensland liegt, geht sodann eine Straße über die Grey-Ranges nach Windorah in das Gebiet der äußersten Schafweiden am Ostrande des Eyre-Beckens.

Südlich anschließend liegen nunmehr die Staaten Neu-Süd-Wales und Victoria ganz im Raum des Ostlandes. Von der wirtschaftlichen Bedeutung dieses Raumes zeugt die Verdichtung der westlich führenden Stichbahnen sowie in Victoria der Übergang zu einem für australische Verhältnisse engmaschigen Eisenbahnnetz. Im Küstenland findet der Zuckerrohranbau bei Grafton seine südliche Grenze. Die südlich anschließende Küste ist für den Weizenanbau zu regenreich, so daß dort Rinderzucht, der Anbau europäischer Obstarten, auch Weinbau, vor allem aber die Cedra australis, Rosen- und Tulpenholz verarbeitende Industrie in den Vordergrund treten. Teilweise noch dichte Wälder umschließen die Berge. Europäisches Obst wird auf den Hochflächen des Binnenlandes gezogen, während im Murray-Darling-Stromgebiet in großem Umfang Weizen angebaut und intensive Viehzucht betrieben werden. Im Bereich der Grey- und Barrier-Ranges vollzieht sich der Übergang zu den westlichen Trockengebieten. Dort gestatten jedoch artesische Brunnen immer noch die Schafzucht. Newcastle und Sydney sind die bedeutendsten Hafenplätze von Neu-Süd-Wales. Newcastle, mit etwa 131700 Einwohnern, ist, gestützt auf die Kohlengruben von Westmailand und Cessnock, der Verhüttungsplatz der Erze von Broken Hill und der Eyre-Halbinsel. Die Stahlwerke Hill Proprietary bilden den aussichtsreichen Ansatz zur Entwicklung einer Schwerindustrie. Für die Überseeschiffahrt ist Newcastle ferner als Kohlenplatz von Bedeutung. Weiter südlich, zwischen dem Port Jackson und der Botany-Bai, liegt Sydney, die Hauptstadt von Neu-Süd-Wales, zugleich mit 1,549 Millionen Einwohnern die größte Stadt Australiens. Der weitläufige Hafen gehört zu den schönsten Ankerplätzen der Erde. Die Stadt selbst zeigt das Gepräge einer jungen lebenskräftigen Großstadt, ausgestattet mit allen Mitteln neuzeitlichen Verkehrs. Großzügig ausgestaltete Parkanlagen, darunter als schönster Park der Botanische Garten, und weitausgedehnte Villenvororte bilden einen grünen Kranz um die sich über viele kleine Buchten ausdehnende Stadt. Sie nimmt mit den Hafen einen Raum von 600 qkm ein. Riesige Wollspeicher, ausgedehnte Holzstapelplätze, Docks und Reparaturwerkstätten, Kohlenstationen und mächtige Kaianlagen beherrschen das Hafenbild mit seiner gewaltigen, die Bucht überspannenden Hafenbrücke. Diese größte freitragende Bogenbrücke der Erde wurde nach den Plänen der München-Augsburg-Nürnberger Maschinenfabrik von einer britischen Firma gebaut. Am Stadtrande liegen die industriellen Unternehmungen, vor allem Maschinenfabriken und Wollspinnereien. Neben den Bahnverbindungen nach Melbourne und Adelaide, sowie einer Anzahl kleinerer Zweigbahnen, führen von Sydney aus zwei Hauptlinien in das Binnenland. Die nördliche Linie erreicht bei Bourke den Endpunkt der Darling-Schiffahrt und zweigt einen Seitenstrang in das Bergwerksgebiet von Cobar ab, dessen Goldminen allerdings stillgelegt sind. Die Bahn durchschneidet im Süden Gebiete des Weizenanbaus und der Schafzucht. Die südliche Bahnlinie führt nach Broken Hill am Südauslauf der Barrier-Ranges und verbindet diesenPlatz überPeterborough mit demHafen Port Pirie am Spencer-Golf. Die kleine Stadt Orange am Zweigpunkt der beiden Bahnlinien ist einer der Hauptorte der Obstkulturen, während der Gesamtraum am Oberlauf des Lachlan, des Murrumbidgee und des Murray das Hauptgebiet des ostaustralischen Weizenanbaus, der intensiven Viehzucht und Milchwirtschaft darstellt. In diesem Raum gedeihen die besten Schafe, aber auch der beste Weizen Australiens.

In einer flachen Senke, zwischen den Blauen Bergen und den Australischen Alpen, liegt in 700 m Höhe Canberra, die Bundeshauptstadt Australiens. Die erst in den letzten drei Jahrzehnten nach einem großzügigen Plan ausgebaute Stadt ist eine ausgesprochene Beamtenstadt. Ihre 20722 Einwohner dürfen das Wahlrecht nicht ausüben. Sie zahlen dafür aber auch keine Steuern. Dem Gedanken, die Bundeshauptstadt dem Einfluß der Großstädte zu entziehen, verdankt Canberra sein Entstehen inmitten einer unberührten Naturlandschaft am Ufer des Molonglo, eines kleinen Nebenflusses des Murrumbidgee. Die landwirtschaftliche Bedeutung von Neu-Süd-Wales ergibt sich aus der Tatsache, daß dieser, räumlich an fünfter Stelle stehende Staat Australiens auf den Gebieten der Pferdezucht, der Milchwirtschaft, der Schaf- und Schweinezucht sowie des Weizenanbaus an erster Stelle steht.

Dahingegen nimmt Victoria, der kleinste der australischen Staaten, in bezug auf die Gesamtanbaufläche und die Obstkulturen die erste Stelle ein. Dreigeteilt ist auch der Wirtschaftsraum dieses Landes. Den Kern seines Raumes bilden die Australischen Alpen. Im Norden liegt das Zuflußgebiet zum Murray und im Süden das durch die Bucht Port Phillip aufgespaltene Küstenland. Die Australischen Alpen zeichnen sich durch landschaftliche Schönheit und reiche Wälder aus. Ihre Täler und Höhen werden im Sommer wie auch im Winter zum Skilauf von Touristen besucht. So entwickelten sich auch die alten Bergwerkssiedlungen im Gebirge nach Erlöschen oder Nachlassen der ursprünglich sehr reichen Goldfunde immer mehr zu Touristenplätzen. Die wirtschaftliche Bedeutung dieses Gebietes liegt heute vorwiegend in seinem Holzreichtum.

Die von zahlreichen Wasserläufen durchströmte Murray-Niederung gehört zu den bevorzugten Weizengebieten Australiens. Dort werden die Erträge der Felder durch Ausnutzung der Murraywasser zur künstlichen Bewässerung erheblich gesteigert. Nicht minder fruchtbar ist das südliche Gebirgsvorland östlich von Melbourne, das nach einem früheren Gouverneur Gipps den Namen Gippsland erhielt. Neben Weizen werden dort Bohnen und Mais angebaut. Hoch entwickelt sind dort auch die Milchwirtschaft und Schafzucht. Die Wälder dieses Gebietes zeichnen sich durch mächtige, 60–80 m hohe Eukalypten aus. Von besonderer Bedeutung sind in diesem Raum die Braunkohlenlager von Morwell mit den Brikettfabriken und dem großen Yallourn-Elektrizitätswerk.

Während die nähere Umgebung von Melbourne verhältnismäßig schwach besiedelt ist, führten Schafzucht und Milchwirtschaft sowie die Inbetriebnahme der bedeutendsten Goldminen Victorias bei Ballarat und Bendigo wiederum zur dichteren Besiedlung des Raumes. Bendigo mit 31 610 und Ballarat mit 41 000 Einwohnern haben sich in landschaftlich reizvoller Umgebung zu kleinen Industriestädten entwickelt. Maschinenfabriken und Eisengießereien sowie verschiedene Betriebe zur Verarbeitung landwirtschaftlicher Erzeugnisse nähren dort neben der Landwirtschaft die Bevölkerung. Ein anderes reiches Bergwerksgebiet mit Gold, Kupfer und Erzen ist Castlemaine zwischen Bendigo und Ballarat. Als Ausfuhrhafen für landwirtschaftliche Erzeugnisse des westlichen Küstenlandes ist der kleine Hafen Warrnambool am Ostrand des vulkanischen Bodens von Gambier von gewisser Bedeutung. Den Reichtum Victorias bilden endlich die vom Unterlauf des Murray bewässerten Niederungen von Wimmera. Durch Kanäle und Stauanlagen sind allein in Victoria an 60 000 qkm Boden der Landwirtschaft nutzbar gemacht, so daß der kleinste Festlandsstaat Australiens die größte landwirtschaftlich genutzte Fläche aufweist. Ein im Jahre 1915 beschlossener großzügiger Bewässerungsplan sah allein im Murraytal den Bau von 37 Staubecken vor, von denen über die Hälfte bereits fertiggestellt wurde. So wäre eigentlich die Murraymündung vorbestimmt gewesen, der Hauptstadt des Landes Raum zu geben. Jedoch, die Versandung der Murraymündung und die vorzügliche Hafenbildung des Port Phillip wie auch die günstigen Verkehrsmöglichkeiten landeinwärts waren die Ursache des Aufstieges von Melbourne zur Landeshauptstadt mit 1,28 Millionen Einwohnern und einem Schiffsverkehr von jährlich über 7 Millionen Tonnen. Die Tatsache, daß Melbourne bis 1927 noch Sitz der australischen Bundesregierung war, gibt dem Stadtbild das ausgesprochene Gepräge einer Weltstadt. Gradlinige, sich rechtwinklig kreuzende Straßen bilden den Stadtkern, den auf 6,5 km Länge die 100 m breite St. Kilda Road mit gepflegten Grünanlagen durchquert. Am Außenrand der Stadt sind Maschinenfabriken, Woll- und Kammgarnspinnereien, Papier-, Zündholz- und Schuhfabriken entstanden. Auch die Seidenindustrie hat eine beachtliche Entwicklung erreicht. Schokolade- und Zuckerfabriken sind ebenfalls vertreten. An der Port-Phillip-Bai gelegene, vielbesuchte Badeorte sind durch Schnellbahnen mit der Stadt verbunden.

Unter allen Staaten Australiens ist Victoria am weitesten entwickelt. Diese Tatsache kommt auch in der Bevölkerungsdichte von 9,7 Einwohnern je Quadratkilometer zum Ausdruck.

Tasmanien ist mit 67 894 qkm und rund 279 394 Einwohnern der kleinste der australischen Staaten. Das gemäßigte Klima dort und vor allem die ausreichenden Niederschlagsmengen bieten der wirtschaftlichen Entwicklung dieses Insellandes günstige Vorbedingungen.

Die durch die Landschaften und das Klima bedingte Gliederung der Insel ist verhältnismäßig einfach. Im Norden der Insel liegen die größten zusammenhängenden Ackerbaugebiete, in denen auch Milchwirtschaft betrieben wird. Der Weizenanbau tritt infolge der reichlichen Niederschlagsmengen hinter dem Anbau von Hafer zurück. Die Erzeugung von Gerste, Kartoffeln und Rauhfutter steht mit den gleichen Gesamtbeträgen an dritter Stelle. Devonport mit Butterfabriken und die kleinen Städte an dem bis 65 km

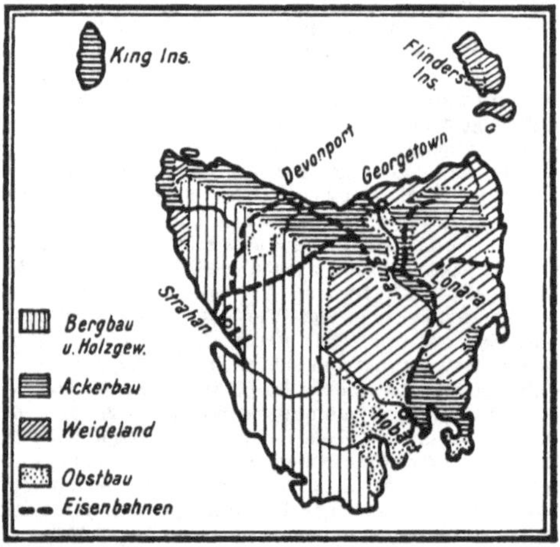

Skizze 29: Tasmanien: Wirtschaftskarte

stromaufwärts mit 5000-Tonnen-Schiffen befahrbaren Nordfluß Tamar sind die Hauptausfuhrplätze dieses verhältnismäßig dichtbesiedelten Gebietes.

Im Süden der Insel ist die Landeshauptstadt Hobart mit 83 000 Einwohnern die bedeutendste Stadt der Insel und der Hauptausfuhrort für die Wolle der im Landesinnern und im Osten der Insel betriebenen Schafzucht sowie der ausgedehnten, europäische Obstarten erzeugenden Plantagen in näherer und weiterer Umgebung der Stadt. Die Nutzbarmachung der Wasserkräfte des inneren Hochplateaus soll der örtlichen Verarbeitung der landwirtschaftlichen Erzeugnisse, der reichen Holzbestände des Westteils der Inseln sowie der Mineralien zugute kommen. Unter den Bodenschätzen steht Kupfer an erster Stelle. Die Ausbeute beträgt etwa 70% der Gesamtausbeute Australiens. Nach dem Umfang der Erträge gegliedert, folgen Zink, Zinn, Blei- und Silbererze, Silber, Steinkohle, Gold und Wolfram. Die Hauptvorkommen liegen im Westraum der Insel. Die dort bei Strahan liegenden Mount-Lyell-Kupferminen verfügen über bedeutende Anlagen mit einer Belegschaft von über 1000 Mann. Das durch seine landschaftliche Unberührtheit schöne zentrale Hochland sowie der mittlere Osten der Insel mit dem Hauptgebiet der Schaf- und Rinderzucht werden viel von Touristen besucht. Schmalspurbahnen verbinden Hobart mit den Städten am Tamar-River im Norden sowie von dort durch Querverbindungen die West- und Ostküste. In der Gesamtentwicklung steht Tasmanien unter Berücksichtigung seiner

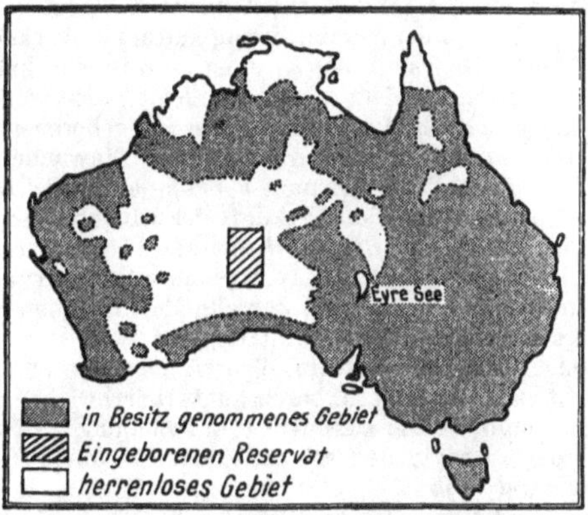

Skizze 30: Australien: Raumverteilung

Besiedlungsdichte hinter Victoria und Neu-Süd-Wales. Das Land könnte durch Einwanderung und Intensivierung der verschiedenen Wirtschaftszweige in erheblichem Umfang weiter entwickelt werden.

Abschließende Betrachtung

In bezug auf die Gesamtbeurteilung der Entwicklungsmöglichkeiten Australiens muß darauf hingewiesen werden, daß die sich häufig wiederholenden Hinweise auf entdeckte Bodenschätze keinesfalls den Reichtum des Landes zum Ausdruck bringen sollen. Einerseits ist der Umfang der Bodenschätze, gemessen am Raum, wohl doch nicht sehr groß, andererseits sind die einzelnen Vorkommen entweder bereits erschöpft oder noch gar nicht erschlossen. So bleibt nach wie vor die Landwirtschaft mit ihren

Nebenerzeugnissen der Hauptzweig der australischen Wirtschaft. Ihre Weiterentwicklung hängt in hohem Grad von der Reglung der Einwanderung ab.

Noch gibt es im Norden Australiens wie im Mittelraum des Festlandes Gebiete, deren Erschließung keineswegs unmöglich ist, aber als Arbeitskräfte unbedingt den Einsatz Farbiger benötigen. Über die Zukunft der schwarzen Australier ist viel debattiert worden. Wenn die Eingeborenen sich bisher noch nicht sehr anstellig in der Zusammenarbeit mit den Weißen erwiesen haben, so liegt das einerseits in dem verständlichen Unvermögen dieser Menschen, die infolge der Vereinsamung kulturelle Rückständigkeit und damit verbunden auch das Wanderleben in der kurzen Zeitspanne von $1^1/_2$ Jahrhundert zu überwinden. Andererseits ist aber auch an diesem angeblichen Versagen der Eingeborenen nicht zuletzt ihre Behandlung durch die ersten weißen Einwanderer schuld. Ihr Vorgehen war z. B. in Tasmanien besonders hart. Die australischen Auffassungen über die Zukunft der Eingeborenen scheinen zu schwanken zwischen „Aussterbenlassen, Deportieren auf die Insel Melville, Einschränkungen auf bestimmte Reservate, Unterbringung in überwachten Lagern und allmählicher Eingewöhnung".

Die Frage der völligen Eingewöhnung der Weißen als Rasse in den tropischen Gebieten wird im allgemeinen wissenschaftlich verneint, soweit dabei an eine unbeschränkte körperliche Betätigung gedacht ist. Somit ist die zukünftige Entwicklung Australiens von der Lösung der Einwandererfrage abhängig. Zur vollen Entwicklung seiner Bodenwerte muß Australien neben Weißen auch in beschränktem Umfange Farbige aufnehmen. Es gibt aber auch Stimmen in Australien, die einer allzu kräftigen Entwicklung aus dem persönlichen Wohlbefinden im Rahmen der betriebenen Sozialpolitik nicht zugetan sind. Der Australier ist zunächst in erster Linie Australier, dann Brite und wohl Weltbürger nur, soweit er in seinem Arbeiterparadies nicht empfindlich gestört wird. So gibt es noch viele Probleme in Australien zu lösen, die zweifellos gelöst werden können, wenn der Wille vorhanden ist.

Dabei muß allerdings darauf hingewiesen werden, daß die ungeheuren Fortschritte der alle Erdenräume in zunehmendem Maße überbrückenden Verkehrstechnik die Möglichkeiten des Eigenlebens der Völker unbekümmert um ihre Umwelt immer mehr einengt. Der Begriff des abseits der großen Verkehrswege liegenden, vereinsamten Australiens verliert immer mehr seine Geltung.

An diesen Tatsachen werden schließlich auch die im allgemeinen sehr aufgeschlossenen Australier auf die Dauer kaum vorbeisehen.

Ozeanien

Die Inselwelt Ozeaniens umfaßt eine Gesamtfläche von 1,3 Millionen qkm mit rund 4,8 Millionen Einwohnern. Davon entfallen auf:

Melanesien:	rd. 1 000 000 qkm mit	1 700 000 Einwohnern	
Mikronesien:	3 506 qkm mit	50 000 Einwohnern	
Polynesien:	295 757 qkm mit	2 590 000 Einwohnern	und das
Übergangsgebiet:	22 592 qkm mit	380 000 Einwohnern.	

Die Gesamtfläche dieser Inselwelt, von etwa doppelter Größe der Iberischen Halbinsel, mag bedeutend erscheinen. Doch ihre Bewertung sinkt angesichts der Tatsache, daß der Inselraum sich mit mehr als 2000 Inseln über eine Fläche von 66 Millionen qkm verteilt, gleich der einundeinhalbfachen Größe Asiens.

Die auf der Grundlage der geographischen und geologischen Zusammenhänge sich ergebende Gliederung Ozeaniens in die beiden großen Gruppen der Inneren und Äußeren Inselketten ist bereits in dem Abschnitt „Die Bestimmung des Raumes“ (Seiten 13–23) dargelegt. Ebenso ist in diesem Abschnitt die sich aus den ethnographischen Zusammenhängen ergebende Gliederung der Inseln nach Skizze 9 behandelt. Danach sind die Inseln der Inneren Inselkette, also Melanesien, sodann die Neuhebriden, die Santa-Cruz-, Loyalty- und Viti(Fidji)-Inseln als Teile des Übergangsgebietes, sowie schließlich die Tonga-, Kermadec-, Norfolk-Inseln und Neuseeland als Teile Polynesiens als ehemaliger Außenrand Australiens zu betrachten. Ihre Lösung vom australischen Kontinent erfolgte im Mittelraum der Inneren Inselkette mutmaßlich schon vor der Kreidezeit, während Neuseeland und Neuguinea wohl noch etwas länger mit Australien im Zusammenhang standen. Die Inseln der Äußeren Inselkette, also die restlichen Teile des ethnographischen Übergangsgebietes und Polynesiens, bestehen dahingegen fast durchweg aus vulkanischen Gesteinen oder Korallenkalken einer späteren Zeit und stehen weder geographisch noch geologisch im Zusammenhang mit Australien.

Das Klima Ozeaniens, dessen Inseln bis auf einen geringen Teil der Hawaii-Inseln im Norden und Neuseeland im Süden innerhalb der beiden Wendekreise liegen, wird einerseits durch den ausgleichenden Einfluß des Meeres, andererseits durch die Passatwinde bestimmt. Die jahreszeitlichen Änderungen ergeben sich aus der Verschiebung der Kalmen im Südwinter (Juli) nach Norden und im Südsommer (Januar) nach Süden. Im Juli werden die Nordostpassate nach Norden über den Äquator zurückgedrängt, so daß der Südostpassat vorherrscht. Der Luftdruck erreicht über weite Räume um 762 mm. Im Januar wehen dahingegen die Nordostpassate bis 17° südlicher Breite, so daß der Luftdruck über Ozeanien bis 758 mm sinkt. Nur der Westrand Ozeaniens, Teile von Mikronesien und Melanesien werden infolge ihrer Annäherung an die asiatischen Festlandsmassen von den Nordostmonsumen beeinflußt. Die durch die australische Landmasse hervorgerufenen verschiedenen Windsysteme verursachen vielfach Stürme, deren Ausgangspunkt meist in den äquatorialen Zonen der veränderlichen Winde liegen und sich in zunehmender Stärke von Osten nach Westen bewegen. Besonders die Marianen und die Karolinen, wie auch die Inseln um Samoa, werden von diesen Stürmen heimgesucht, die auf den hohen Inseln durch Zerstörung von Anpflanzungen und Wohnstätten erheblichen Schaden anrichten, die nied-

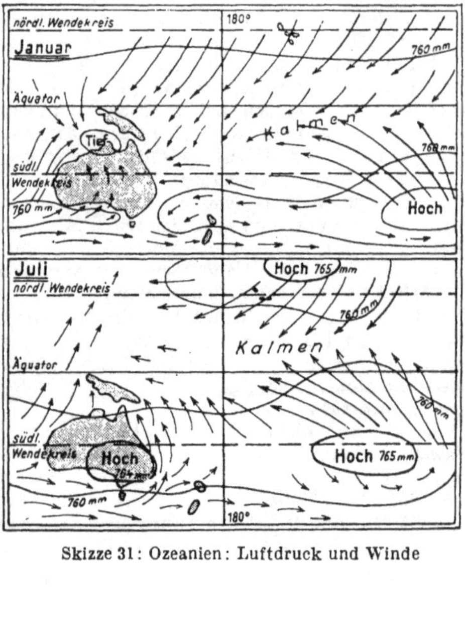

Skizze 31: Ozeanien: Luftdruck und Winde

rigen Inseln aber gelegentlich bis zur völligen Vernichtung aller Lebewesen überfluten. So wurde z. B. im Jahre 1907 auf der Insel Oleai der Karolinen über ein Drittel der Bevölkerung im Verlaufe einer Sturmflut vernichtet.

Alle Inseln liegen, mit Ausnahme von Neuseeland, im Gebiete der Tropenregen. Die westlichen Inseln haben Niederschläge zu allen Jahreszeiten mit Regenmengen über 3000 mm im Jahre. Im Kalmengürtel treten fast täglich in den Nachmittagsstunden heftige Gewitterregen auf. Dahingegen haben die Inseln in der Nähe der Wendekreise eine Regenzeit, und zwar, wie Hawaii, im nördlichen Winter (Januar) und im Süden im südlichen Winter (Juli). Im allgemeinen sind die Luvseiten der hohen Inseln regenreicher als die Leeseiten. Dahingegen sind die niedrigen Koralleninseln ziemlich trocken, da es dort an Steigungsregen fehlt und außerdem das Regenwasser in dem durchlässigen Korallenkalk schnell versickert.

Die Temperaturen der Inseln sind, mit Ausnahme von Neuseeland, ziemlich ausgeglichen, da sie Sommer wie Winter innerhalb der 20°-Jahresisotherme liegen. Die mittleren Jahrestemperaturen liegen am Äquator im Osten bei 25,5°, weiter westlich um 27,2°, und überschreiten auf Neuguinea stellenweise 28° C. Die täglichen Temperaturschwankungen betragen, abgesehen von den Gebirgslandschaften Neuguineas und Neuseelands, 5 – 9°. Infolge des hohen Feuchtigkeitsgehaltes der Luft, der im Mittel 80 – 89 % beträgt, sind diese gleichmäßigen warmen Temperaturen für die Menschen der weißen Rasse schwer zu ertragen. Aber auch die bei den Eingeborenen vorhandene Unlust, mehr zu arbeiten, als es für die bescheidene Lebenshaltung unbedingt notwendig ist, muß als eine klimatisch bedingte Lebensgestaltung betrachtet werden.

Die Flora Ozeaniens weist in den Niederungen tropisch-asiatische Formen auf, während in den höheren Lagen die australische Flora stärker zum Ausdruck kommt. Charakteristisch sind für die Inseln Myrtaceen, Protaceen und Nadelhölzer wie Araucaria und Dammarfichte. An Palmen sind die Kentia und Pritchardia einheimisch, während die Kokospalmen später hinzugekommen sind. Sagopalmen kommen vom Westen nach Osten bis zu den Freundschaftsinseln (Tonga-Inseln) vor. Auch Pandanus und Baumfarnen sind reichlich vertreten. Die Küsten weisen häufig Mangroven auf. In den Tälern und auf den Hängen der hohen Inseln breiten sich vor allem auf den Luvseiten vielfach tropische Regenwälder aus, die das Wachstum von Nutzpflanzen stark behindern. Die höchsten Gipfel zeigen oft noch grüne Büsche, während die Leeseiten meist regengrüne Savannen aufweisen. Die Koralleninseln gestatten kaum die Urwaldbildung. Ihre dünnen Humusschichten decken meist nur Queckengräser, während die Kokospalmen dort gut gedeihen.

Von Kulturpflanzen sind außer der Kokospalme knollenbildende Bataten, Yamwurzelarten sowie Taroknollen weit verbreitet. Nutzhölzer der Insel-Urwälder sind Eisenholz, Rotholz, echtes Ebenholz, Cedraholz und stellenweise auch Sandelholz.

Die üppigste Flora weisen die Inseln Melanesiens, sodann Mikronesiens auf. Sagopalmen, Kokospalmen und der Brotfruchtbaum sind dort wichtige Nutzpflanzen. Die Pandanus erreicht dort ihre Nordgrenze. In Südostpolynesien fehlt die Sagopalme. An ihrer Stelle dient die Tacca pinnatifida, eine Staude mit stärkereichen Knollen, der Gewinnung des Arrowrootmehles (Pfeilwurz-).

Die F a u n a Ozeaniens ist überaus arm an Arten. Abgesehen von Neuguinea, Neuseeland und den Hawaii-Inseln, die besonders behandelt werden, vermindern sich die Zahlen der Arten und Individuen von Westen nach Osten. An Säugetieren treten nur noch einige Nager und Fledermäuse auf, letztere aber nur noch bis zu den Tonga-Inseln. Ratten, Schweine, Hunde und Hühner sind von den ersten Einwanderern eingeführt worden. Etwas reicher und weiter verbreitet ist die Vogelwelt. Sie ist stark von Australien beeinflußt, nimmt aber ebenfalls nach Osten zu ab. So besitzen die Viti-Inseln noch fünf Papageienarten, neun Taubenarten, zwei Arten Falken und eine Eule, während die Amphibien und Reptilien dort mit zehn Schlangenarten, 15 Eidechsen und Fröschen vertreten sind. Unter den Insekten werden Ameisen, Tausendfüßler und Moskitos lästig. Gefürchtet sind besonders auf Neuguinea die Blutegel. Schmetterlinge und Käfer fallen durch ihre Farbenkleider auf.

Überaus dürftig und eintönig ist die Tierwelt auf den Cook- und Tubuai-Inseln. Auf den Korallen-Inseln fehlt es grundsätzlich an größeren Tieren. Nur Tahiti hat durch Einwanderung eine stärkere Belebung der Vogelwelt erfahren. Neben dem seltenen roten Honigfresser, der kleinen Kronentaube und verschiedenen Papageien sind dort vor allem Wasservögel stark vertreten wie Sturm- und Eisvögel, Seeschwalben, blaue Reiher und Fregattvögel. Doch schon die benachbarten Paumotu-Inseln haben nur Ratten, Papageien, Tauben, Drosseln, Eidechsen und Insekten aufzuweisen.

Im großen gesehen finden sich auf den Inseln der Inneren Inselkette Überreste der Flora und Fauna Australiens, während den jungvulkanischen Inseln, wie den Korallen-Inseln der Äußeren

Inselkette wohl Pflanzen, Vögel und Insekten durch Winde und Meeresströmungen zugetragen wurden. Weitere Ergänzungen brachten bewußt oder unfreiwillig die Einwanderer mit. Auf diese Weise können auch gewisse Übereinstimmungen der Flora und Fauna der Hawaii-Inseln mit Nordamerika erklärt werden. Der Nordäquatorialstrom von der nordamerikanischen Küste zieht dorthin, wie der Südäquatorialstrom von Südamerika aus bis zu den Küsten von Australien und Neuguinea vorstößt. Eine der merkwürdigsten Erscheinungen ist das Auftreten der in Perú beheimateten süßen Kartoffel auf den Marquesas unter dem Namen Kumara. Sie wurde nach den Feststellungen des neuseeländischen Forschers Peter H. Buck von dort aus weiter nach Westen verbreitet. Schon das Wort „Kumara" findet in der polynesischen Sprache keine Anlehnung. Die Tatsache, daß im Inkareich die süße Kartoffel „Kumar" hieß, weist neben anderen, später noch zu erklärenden Erscheinungen darauf hin, daß die Polynesier auf ihren Wanderzügen auch vorübergehend die südamerikanische Küste berührt haben müssen.

Eines der interessantesten Probleme ist sodann die Herkunft der Bewohner der Inselwelt Ozeaniens, der drei Völkergruppen der Melanesier, Polynesier und Mikronesier, unter denen die Polynesier die stärksten sind und auch den weitesten Raum besiedeln (Skizze 9). Schon die Melanesier stellen keine geschlossene Rasse dar. Wie der Name Melanesien, die Schwarzen Inseln, besagt, handelt es sich bei den Melanesiern um dunkelhäutige Menschen, im Gegensatz zu den braunhäutigen Polynesiern. Im allgemeinen unterscheidet man unter den Melanesiern drei Haupttypen: einen pygmäenähnlichen Typ, dessen Nachkommen in kleinen Gruppen sowohl auf Neuguinea wie auch auf dem Bismarck-Archipel und den Salomonen festgestellt wurden, sowie die Ost- und Westmelanesier. Die Ostmelanesier werden vorwiegend an den Nord- und Südküsten von Neuguinea, auf Neukaledonien, den Neuhebriden und Teilen der Viti-Inseln angetroffen. Es sind mittelgroße Menschen mit plumpen Gliedmaßen, länglichen Schmalschädeln mit schwarzem Haar, das teils gekräuselt, teils geringelt, aber auch häufig wellig ist. Weitere Eigenformen sind die plattgedrückte Nase und kräftig entwickelte Augenwülste. Die Westmelanesier, die Papuas, auf Neuguinea, den D'Entrecasteaux-Inseln, dem Bismarck-Archipel und den Gilbert-Inseln erscheinen als etwas größere, hagere Menschen mit langen Gliedmaßen, schmalen kurzen Gesicht und hakenförmig nach unten gebogenen Nasen, mit Abweichungen zu kurzer, gerader und breiter Stumpfnase. Als Pygmäen oder Zwerge angesprochene Stämme Neuguineas, auf einigen Inseln des Bismarck-Archipels, der Salomonen und Neuhebriden stellen nach neuesten Auffassungen Verkümmerungserscheinungen der Melanesier dar und sind kaum als echte Pygmäen anzusprechen.

Es zeigen sich also auch bei den Melanesiern die durch die Vereinsamung auf den Inseln wie auch in den großen Räumen Neuguineas verursachte Neigung zur Variation. Schließlich haben sich noch Indonesier vorwiegend in den nordöstlichen Randgebieten von Neuguinea und Polynesier sowohl an der Nordküste von Neuguinea sowie besonders im Übergangsgebiet der ozeanischen Inseln (siehe Skizze 9) mit den Melanesiern vermischt.

Kulturell werden zwei Hauptgruppen unter den Eingeborenen unterschieden: die ältere totemistische Kultur, die in Nordaustralien, an den Ost- und Südküsten von Neuguinea, auf den Palau-Inseln, den Salomonen, den Santa-Cruz-Inseln und Neukaledonien festgestellt wurde, sowie die jüngere Kultur des mutterrechtlichen Zweiklassensystems, nachdem innerhalb einer Lokalgruppe nur zwei Heiratsklassen bestehen. Die Mitglieder der Gruppe dürfen nur innerhalb derselben zwischen den Klassen heiraten. Die Kinder gehören der Heiratsklasse der Frau an. Ihr nächster männlicher Verwandter und Beschützer ist der Onkel mütterlicherseits. Im übrigen ist das Vorrecht des Mannes stark ausgeprägt.

Weitere Eigenarten dieser Kultur sind der Schädelkult und die Eigenformen des Hausbaus. Die Schädel der Verstorbenen werden nach der Bestattung wieder ausgegraben, präpariert und aufbewahrt. Im Hausbau erscheinen große rechteckige Hütten mit hohem Giebeldach, gelegentlich auch Baumhütten. Auf Neuguinea, Neupommern und den nördlichen Salomonen sind auch Kompromißformen beider Systeme festgestellt worden.

Andere Kulturformen sind gekennzeichnet durch die Verbreitung der melanesischen Bogen und Pfeile, vorwiegend auf Neuguinea, dem Bismarck-Archipel, den Salomonen- und Santa-Cruz-Inseln wie auch auf den Neuhebriden und schließlich durch das Auftreten der wohl von den Polynesiern übernommenen Auslegerboote, großer Ruderkanus und der Segelboote mit Dreiecksegeln. Die Melanesier sind, wie ihre begrenzte Verbreitung auch zum Ausdruck bringt, keine Seefahrer im Sinne der Polynesier, denen das Meer zum Lebenselement wurde. Immerhin traten auch die Melanesier teilweise als Seefahrer innerhalb beschränkter Räume auf.

Es gibt wohl kein Volk unserer Erde, das mit dem Meere so verbunden ist, wie die P o l y n e s i e r. Das Meer ist ihr Lebensraum, und die Inseln waren ihnen in der Vergangenheit nur Ruhepunkte. Im

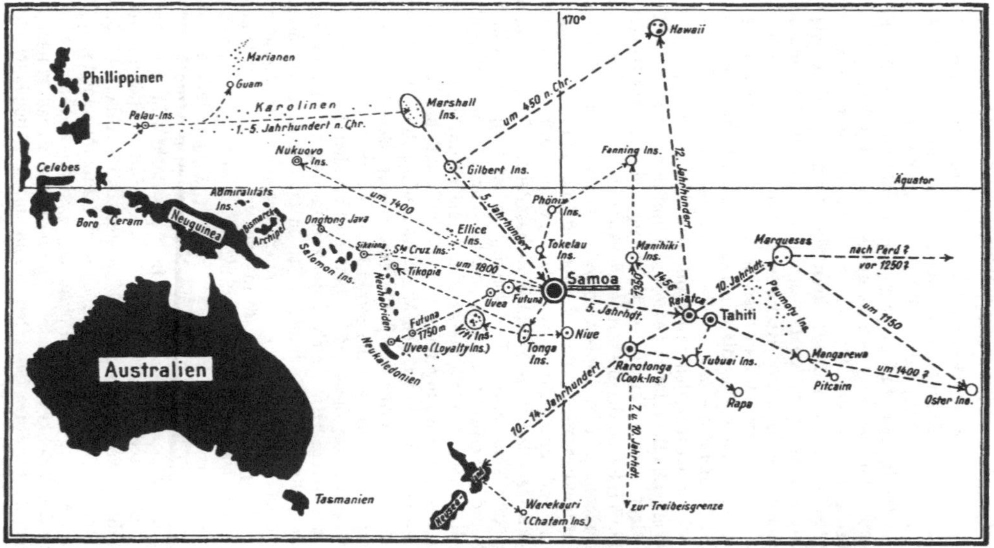

Skizze 32: Wanderzüge der Polynesier

ersten, spätestens im zweiten Jahrhundert n. Chr. setzte der große Wanderzug der Polynesier ein, dessen Bewegungen erst im Anfang des 19. Jahrhunderts zum Stillstand gekommen sind.

Von Inselgruppe zu Inselgruppe zogen die Polynesier in Einheiten von 100 bis sogar 500 Menschen über das Meer. Auf ihren großen Ausleger- und Doppelbooten, die bei 40 m Länge bis zu 300 Mann trugen und auf ihren Plattformen Hütten wie auch Feuerherde besaßen, führten sie ihren Hausrat, Nahrungsmittel, sogar lebende Schweine, Hunde und Hühner mit wie auch Sämereien und Wasser in Bambusröhren. Sonderunternehmungen erkundeten meist vorher die neuen Ziele. Ihre Führer beobachteten die Strömungen des Meeres, die Winde und den Weg der Gestirne. Sie erkannten früh den Inselblink, den Widerschein grüner Inseln an Wolkenbänken, lange bevor das Land in Sicht kam. Sie fuhren im allgemeinen nicht mit, sondern gegen den Meeresstrom, damit sie bei Verfehlen des Zieles oder Verknappung der Nahrungsmittel in kürzester Zeit vor Einbrechen einer Katastrophe zum Ausgangsort zurückkehren konnten. Ferner segelten sie im allgemeinen bei Nacht und nutzten die Tage zur Ruhe und zum Fischfang aus. In den Gebieten ihres Wohnsitzes besaßen erfahrene Häuptlinge Segelanweisungen, die als Geheimnis gehütet und nur von Mund zu Mund den erprobten Helden der Seefahrt als neuen Häuptlingen überliefert wurden. So kannten z. B. die Häuptlinge der Tubuai-Inseln Segelanweisungen für den weiten Raum von den Viti-Inseln bis zur Oster-Insel. Auf den Marshall-Inseln gab es aus Stäben gebundene Segelanweisungen für den ganzen Bereich der doppelreihigen Inselgruppe (siehe Seite 134 und Skizze 43). Die bedeutendsten Abschnitte dieser 1700 Jahre währenden Bewegungen sind aus der Skizze 32 zu ersehen. In Verbindung mit den großen Zusammenhängen im Raume des Stillen Ozeans sind folgende Vorgänge im Ablauf dieser Wanderzüge besonders zu erwähnen: die Besiedlung der Hawaii-Inseln in zwei um 700 Jahre auseinanderliegenden Wellen; die verhältnismäßig späte Besiedlung von Neuseeland; das Zurückfluten der Polynesier von Samoa und den Tonga-Inseln nach Westen und Nordwesten bis zum Beginn des 19. Jahrhunderts; der Vorstoß in die Antarktis im 10. Jahrhundert; der bereits erwähnte Vorstoß nach Südamerika und schließlich das Verlassen der Inseln Mikronesiens im Ablauf des 5. Jahrhunderts und das Wiedererscheinen auf Nukuoro um 1400. Damit sind die Bewegungen der Polynesier in großen Zügen gekennzeichnet. Die Triebkräfte dieser Wanderungen waren einerseits die Übervölkerung der besetzten Inseln durch örtlichen Nachwuchs und den Zustrom neuer Einwandererwellen, andererseits aber vor allem auch der innere Zug in die Ferne. Die kühnsten Seefahrer zogen auf Erkundung hinaus und kehrten oft erst nach Monaten oder sogar Jahresfrist zurück, um dann den großen Wanderzug zur neuen Heimat zu geleiten, oder auch Handelsflottillen zum Warenaustausch mit bereits besiedelten Inseln zu führen. Aus der Zeit der deutschen Oberhoheit über die Karolinen- und Marshall-Inseln sind uns derartige Handelsfahrten der Mikronesier mit bis zu 80 Booten und mit 500 Mann Besatzung bekanntgeworden. Daß diese Unternehmungen gefahrvoll waren und wohl auch verschiedentlich zu Katastrophen führten, dafür gibt es viele Beispiele. So wurde unter anderem von einer Handelsfahrt mit 100 Booten der Marshall-Inseln nur ein einziges Boot mit wenigen Überlebenden an einer Insel angetrieben, während die anderen verschollen blieben. 1860 fuhren 35 Boote von Jaluit aus, ohne je wiederzukehren, und 1880 erreichte von einer Flottille von 22 Booten, die von Majuro nach Jaluit wollte, nur ein einziges Boot Ponape. 1885 gingen 10 Boote mit 150 Mann auf dem Wege nach Majuro verloren.

Die Tatsache, daß die Mikronesier noch zu Beginn des 20. Jahrhunderts sich die alten Seefahrergebräuche der Polynesier erhalten hatten, weist auf das Verbleiben von Polynesiern auf jenen Inseln nach dem Abzug der großen Masse hin. In der Folge der Zeit waren sodann die westlichen und nördlichen Inseln Mikronesiens den Einwirkungen der Melanesier und Indonesier ausgesetzt. Zu ihnen gehörten auch die fast ausgestorbenen Chamorros der Marianen. Somit sind die Mikronesier heute wohl als ein Mischvolk anzusprechen, das Kulturformen aller jene Inseln berührenden Völker angenommen und sich eine gewisse Eigenkultur innerhalb von Ozeanien herausgebildet hat. Sie zeichnen sich unter anderen Eigenarten durch das Vorhandensein des Webstuhles auf den Karolinen, sowie durch den Gebrauch von Muschelgeld und durch besondere Formen von Waffen und Geräten wie auch der Ornamentik aus.

Beschreibung der Inselwelt Ozeaniens

Die Innere Inselkette

Melanesien, Teile des Übergangsgebietes und Polynesiens

Neuguinea ist mit einem Umfang von 803000 qkm und etwa 1,1 Millionen Einwohnern das westliche Hauptglied der Inneren

Inselkette. Die Küsten der sich von Nordwesten nach Südosten erstreckenden Insel sind im allgemeinen schwach gegliedert. Größere Einbuchtungen bestehen nur im Nordwest- und Südostteil der Insel. Den Kern der Insel bildet das Zentralgebirge. In seinem Mittelraum trennt je ein gleichlaufendes Senkungsfeld das Hauptgebirge im Süden von einem jungen, in Hebung begriffenen Küstengebirge und im Norden von dem Schollenstreifen des Nordgebirges.

Das Zentralgebirge bildet die Hauptwasserscheide der wasserreichen, vielfach auf weite Strecken schiffbaren Flüsse. Sie streben im Süden, bis auf den durch das junge Hebungsgebiet abgelenkten Fly-River, im fast senkrechten Lauf dem Meere zu. Im Norden folgen sie den die Zentralkette begleitenden Senken und durchbrechen dann das Küstengebirge.

Das mächtige Hauptgebirge ragt in seinem westlichen Teil mehrfach über die bei 4300 m Höhe liegende Schneegrenze empor und erreicht im Nassau- und Orange-Gebirge in den Isenburg-, Carstensz-, Wilhelmina- und Juliana-Spitzen Höhen zwischen 4450 und 5000 m. Der mittlere Gebirgsteil ist wesentlich niedriger. Er überragt immerhin noch mit Höhen bis zu 3500 m auf weite Strecken die bei 3200 m liegende Grenze des Baumwuchses. Im Osten steigt das Owen-Stanley-Gebirge noch einmal bis zu 4000 m empor und läuft in der südöstlichen Inselspitze in ein Mittelgebirge aus. Es findet in den D'Entrecasteaux-Inseln und den Louisiaden seine Fortsetzung.

Die nördliche Gebirgskette ist im allgemeinen zwischen 1000 und 2000 m hoch. Nur in der Gauttier-Kette und im Finisterre-Gebirge ragen noch einmal einzelne Berge bis über 3500 m Höhe empor.

Im ganzen gesehen ist das südliche Flachland Neuguineas ein vormesozoischer Teil der australischen Masse, während das Zentralgebirge und der anschließende Nordteil der Insel als junges Faltengebirge anzusprechen sind.

Die Gestaltung Neuguineas befindet sich noch im Fluß. Das südliche Küstengebirge steht in den ersten Anfängen seiner Hebung, die streckenweise im Verlauf von 20—25 Jahren einen Meter beträgt. Die steilen Südhänge des Zentralgebirges stellen eine allmählich nach Süden überkippende Großfaltung dar. Das sich zu Füßen der flacheren Nordhänge befindliche Senkungsfeld verursacht die Versumpfung der großen Flußtäler des Mamberamo, des Sepik und Ramu. Das nördliche Küstengebirge ist dahingegen einer Bruchstruktur unterworfen. Als ihre Folgeerscheinung ist das im spitzen Winkel das Nordgebirge berührende Vulkangebiet an-

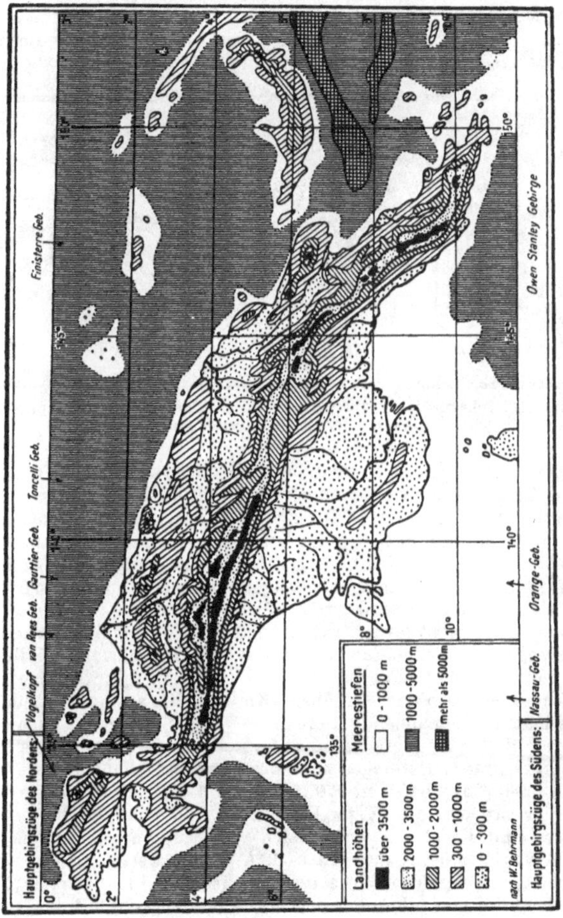

Skizze 33: Neuguinea: Höhendarstellung

zusprechen. Beachtliche Erdbeben, die unter anderem in der Nacht vom 15. zum 16. Dezember 1907 an der Küste Senkungen um mehrere Meter verursachten. Die vulkanischen Erscheinungen auf den D'Entrecasteaux-Inseln wie auch auf dem Bismarck-Archipel stehen in Zusammenhang mit diesen Bewegungen.

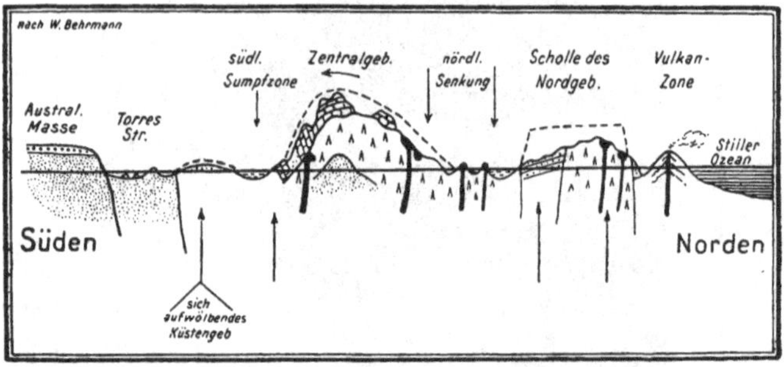

Skizze 34: Schematischer Querschnitt durch Neuguinea, zur Veranschaulichung der Bewegungsrichtungen

Geologisch ist das durch seine riesigen Urwälder schwer gangbare Inselland noch nicht eingehend erforscht. Im Süden wie auch auf den Aru-Inseln lassen Granit- und Gneisvorkommen die alten Zusammenhänge mit dem australischen Festland erkennen. Sie sind teilweise auch im Grundstock des Zentralgebirges und an wenigen Stellen des nördlichen Küstengebirges auf Neuguinea zu finden.

Während anscheinend tertiäre Ablagerungen zum mindesten im Süden noch nicht festgestellt wurden, sind Jurasedimente sowohl im Vogelkopf als auch im Raum des ehemaligen Kaiser-Wilhelm-Landes, am Südabfall des Schneegebirges und in Ostneuguinea nachgewiesen worden. Gehobene Korallenriffe an der Finschküste bis zum Finschhafen am Finisterre-Gebirge bringen stellenweise durch klar erkennbare Terrassenformen den fast ruckartigen Verlauf der jungen Hebungen zum Ausdruck. Korallenkalkreste wurden über Finschhafen in 970 und sogar 1700 m Höhe festgestellt. Vortertiäre basische Magmalite, wohl in der Hauptsache aus der Jura- und Kreidezeit, zeigen sich verstreut im ganzen Nordteil vom Vogelkopfe bis zum Huon-Golf. Der im Tertiär sich in vielen Gebieten Neuguineas erheblich auswirkende Vulkanismus reicht stellenweies bis in die jüngste Zeit und hängt wohl mit den vulkanischen Erscheinungen auf der Insel Long, auf Umboi wie auch auf Neupommern zusammen.

Weitergehende geologische Aufschlüsse brachten die früheren deutschen Erdöluntersuchungen im ehemaligen Kaiser-Wilhelm-Land und auch britische Arbeiten auf diesem Gebiet in Papua. Sie wurden im letzten Jahrzehnt auch auf holländischen und dem ehemaligen deutschen Gebiet fortgesetzt. Diese Untersuchungen haben zur Erschließung von Erdöl bei Sorong auf holländischem Gebiet geführt.

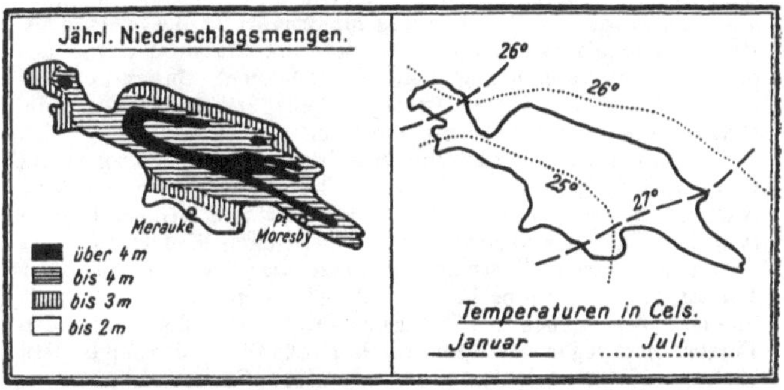

Skizze 35: Neuguinea: Klima

Die klimatischen Verhältnisse sind in großen Zügen bereits auf den Seiten 85–87 dargelegt. Dort läßt die Skizze 31 die auf Neuguinea vorherrschenden Winde und Luftdruckverhältnisse erkennen. Im allgemeinen sind auf Neuguinea nur die Winde des sommerlichen Nordostmonsums (Januar) stärker ausgeprägt.

Die recht hohen Niederschläge verteilen sich im allgemeinen fast gleichmäßig über das ganze Jahr. Sie erreichen im Gebirge bis zu 8000 mm im Jahr. Auch die trockneren Wintermonate (Juli) weisen noch monatliche Niederschlagsmengen von 100 mm auf. Sie sinken in dieser Zeit bei Merauke und bei Port Moresby bis auf 20 mm im Monat. Die überaus gleichmäßigen Temperaturen erfahren im Gebirge allerdings eine Abschwächung. Insgesamt wirkt sich das Klima durch die feuchte Wärme überaus erschlaffend auf den weißen Menschen aus.

Auch die Grundzüge der Flora sind bereits auf den Seiten 87–88 angedeutet. Mangrovendickungen und Wälder mit Kasuarinenbeständen säumen vielfach die Küsten. Während die Sumpfwälder auch im Landesinneren vorwiegend malaiische Formen erkennen lassen, treten in den Bergwäldern australische Formen und bis zu 30% auch Eigenformen in den Vordergrund. Dahingegen zeigt die subalpine Flora etwa zu 60% asiatisch-malaiische und um 40% australische Formen. Ausgesprochene Grassümpfe treten in den Flußniederungen in Erscheinung. Im Hochlande gedeiht auf weiten Flächen Alang-Alang-Gras.

An Nutzpflanzen ist die Insel ursprünglich arm. Kokospalmen, Sagopalmen, an einigen Stellen Bananen, wildes Zuckerrohr, Yam und Taro dienen der Bevölkerung zur Ernährung, die Früchte der Betelpalmen als Genußmittel. In der Zukunft werden von der planmäßigen Anpflanzung von Kokospalmen, Gummibäumen, Sisalhanf und auch Kakao Erträge erhofft, soweit es gelingt, die Eingeborenen zu regelmäßiger Arbeit zu erziehen.

Die Fauna Neuguineas schließt sich eng an die Australiens an. Größere Säugetiere fehlen bis auf Wildschweine als verwilderte Nachkommen eingeführter Haustiere und einige kleinere Känguruharten. Zahlreich vertreten sind Ameisenigel, Fledermäuse und andere Mäusearten. Unter den Vertretern der Vogelwelt fallen der Kasuar, der Nashornvogel und der Paradiesvogel wie auch Scharrhühner neben Tauben und Papageien auf. Die Reptilien sind in den Flüssen und sogar am Meer durch Krokodile und Schildkröten vertreten. Weit verbreitet sind die kleinen Geckos als nützliche Insektenfresser. Zahlreich sind auch die Schlangen, unter ihnen einige giftige Arten, jedoch nicht die Kobra. Unter den Amphibien fallen Baumfrösche auf. Arm an Süßwasserfischen sind die Flüsse, während die Meeresfauna im wesentlichen mit derjenigen der umliegenden Meere übereinstimmt. Eine schwere Plage, fast wie in Australien, bilden Fliegen und Malariamoskitos sowie der Blutegel.

Die große Masse der Bevölkerung besteht aus Westmelanesiern oder Papuas. Im Westen der Insel, auf dem Vogelkopf, machen sich indonesische Einflüsse, an der Nordküste wie auch an beiden Küsten des Inselschwanzes ostmelanesische und an der Südküste australische Einflüsse bemerkbar. Sowohl am Sepik als auch besonders in den Bergwäldern leben als pygmäenähnliche Stämme die Zwerg- und Bergpapuas. Zu den letzteren gehören wohl auch die im Grenzgebiet zwischen dem altdeutschen und australischen Besitz entdeckten und von dem Missionar G. F. Vicedom beschriebenen Großsiedlungen, die im Savannenland über 200000 Eingeborene einer wesentlich höheren Entwicklungsstufe als an den Küsten aufweisen sollen.

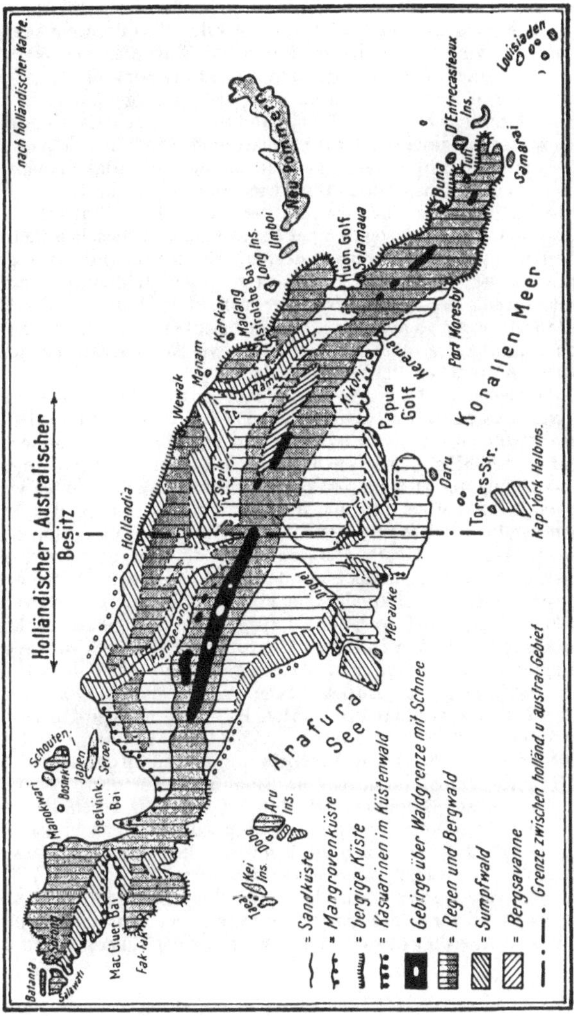

Skizze 36: Neuguinea: Vegetation. Die offenen Kreise seewärts der Küstenlinie deuten die Kasuarinenbestände an

Die auf der Grundlage des Totemismus oder des mütterrechtlichen Zweiklassensystems oder auch auf der Vermischung beider Systeme entwickelten Kulturen waren bei Eintreffen der Weißen noch steinzeitlich. Jedoch war die Entwicklung zum mindesten an der West- und Nordküste wie auch in den Stromgebieten, im geringeren Umfange an der Südküste und auf der Frederik-Hendrik-Insel, weiter fortgeschritten als in Australien. Diese höhere Kulturstufe kommt sowohl in der Ausgestaltung der Niederlassungen wie auch in der stellenweise gut entwickelten Holzschnitzerei zum Ausdruck. Im allgemeinen war die Bevölkerung bei Eintreffen der Weißen schon in Dörfern mit einer Einwohnerzahl zwischen 20 und mehreren hundert Menschen ansäßig. Sie bauten bereits regelrechte Häuser, die an den Küsten häufig als Pfahlbauten ausgebildet waren. Versammlungshäuser von 35 m Länge und 11 m Breite mit bis zu 10 m hohen Giebeln belegten diese Fortschritte. Auch Baumhäuser, eher als Zufluchts- wie Wohnstätte gedacht, wurden an manchen Plätzen gefunden.

Dahingegen weist die Frederik-Hendrik-Insel stellenweise noch Hütten in Form primitiver Strohdächer auf. Dorfsiedlungen sind heute im allgemeinen stärker vertreten als Einzelhöfe. Immerhin findet an den Küsten wie auch an den Flußläufen hin und wieder die Verlegung von Ortschaften statt. Als ihre Ursache können wohl Kriege, Krankheiten und Naturkatastrophen wie z. B. das Eingehen der für die Ernährung wichtigen Sagopalmen angesprochen werden. Am primitivsten hausen wohl die Bergbewohner, die immer noch vorwiegend als Sammler und Jäger leben. Dahingegen unterhalten die Bewohner der Niederungen schon im beschränkten Umfange Yam- und Taropflanzungen. Aus dem neuentdeckten Siedlungsgebiet in den Savannen des östlichen Gebirges wird sogar planmäßiger Ackerbau, mit allerdings einfachsten Hilfsmitteln, aber unter Anlage von Entwässerungskanälen berichtet. Dort soll auch die Schweinezucht hoch entwickelt sein, die bei den bisher bekannten Siedlungen nur einen bescheidenen Umfang besaß.

Die ursprünglich stark in Erscheinung tretende Kopfjägerei und der Kannibalismus sind unter dem Einfluß der Kolonisatoren stark zurückgegangen. Besonders die Holländer hatten durch sehr geschickte Behandlung der Einheimischen auf diesen Gebieten Erfolge. Überhaupt haben sich die Einheimischen längst nicht als so heimtückisch erwiesen, wie sie vielfach verschrieen wurden. Wie die Holländer haben auch die Deutschen bewiesen, daß sich Kämpfe durch maßvolles Auftreten im allgemeinen wohl vermeiden lassen. Allerdings macht die Gewinnung der Eingeborenen zur bezahlten Mitarbeit an dem Aufbau des Landes nur langsam Fortschritte und behindert neben den klimatischen Verhältnissen und der allgemeinen Unwegsamkeit die wirtschaftliche Entwicklung. Doch haben die kirchlichen Missionen in steter, ruhiger Arbeit nicht nur die Verbreitung des Christentums, sondern auch besonders die kulturelle Hebung der Einheimischen gefördert.

Heute ist Neuguinea zur Hälfte holländischer und australischer Besitz bzw. mit dem ehemaligen Kaiser-Wilhelm-Land australisches Mandat. Die zukünftige Entwicklung der Insel ist im wesentlichen nur auf landwirtschaftlicher Grundlage zu erwarten, wenn nicht die weitere geologische Forschung abbauwürdige Bodenschätze entdeckt.

Zur Zeit werden die Erträge der Goldfelder im Binnenland am Edie- und Wau-Fluß in Südostneuguinea unter Einsatz von Flugzeugen nach Salamaua am Huon-Golf befördert. Die Erträge sollen dort in 9 Jahren 32 Millionen Mark betragen haben.

Der Verkehr innerhalb der Insel ist nur sehr schwach entwickelt. Bis zu Beginn des zweiten Weltkrieges gab es auf Neuguinea keine Eisenbahnen, und Straßen nur in nächster Umgebung einiger europäischer Handelsplätze. Lediglich auf den Flüssen war auf größere Strecken auch ein Binnenverkehr mit kleinen Dampfern und Motorbooten möglich. Die Eingeborenen bedienten sich mit außerordentlichem Geschick langer schmaler Einbaumboote. Auslegerboote mit Segeln, wohl in der Urform von Indonesiern und Polynesiern übernommen, dienten im begrenzten Raum auch dem Handelsverkehr auf dem offenen Meer. In den Bergwäldern gab es nur schmale Eingeborenenpfade, die der Urwald wieder überwucherte, wenn sie nicht ständig instand gehalten wurden. In der Nähe der europäischen Ansiedlungen wurden die Eingeborenen dazu angehalten, Verbindungspfade zwischen den Niederlassungen herzustellen.

Die während des zweiten Weltkrieges durchgeführten Kämpfe in den Gebieten um Port Moresby und Finschhafen sowie zwischen Wewak und Hollandia mögen, örtlich begrenzt, einige Verbesserungen der Verkehrsmöglichkeiten veranlaßt haben. Auch mag der bereits vor dem Krieg übernommene Einsatz von Flugzeugen zur Verbindung mit den Goldfeldern eine Erweiterung erfahren haben. Aber auch der Flugzeugverkehr wird nicht nur durch die schwierige Anlage von Flugplätzen im Innern, sondern auch durch die oft tagelang über den Tälern lagernden Wolkendecken erschwert.

Bei der Beurteilung der Ergebnisse der Erforschung und Entwicklung von Neuguinea ist zu berücksichtigen, daß eine endgültige Besetzung der Insel durch die Holländer erst im Jahre 1828 stattfand und die kolonisatorische Entwicklung aller drei Kolonialgebiet des holländischen, deutschen und englisch-australischen, erst gegen Ende des 19. Jahrhunderts einsetzte. Schließlich fand die so hoffnungsvolle deutsche Kolonialarbeit, mit der Hand in Hand auch die planmäßige wissenschaftliche Erforschung des Landes durchgeführt wurde, durch den ersten Weltkrieg ein jähes Ende.

Wenn heute in Verbindung mit der Neuordnung im holländischen Kolonialraum der Sunda-Inseln die Selbständigkeit von Neuguinea und der Anschluß dieses Gebiets an den Bund der indonesischen Staaten gefordert wird, so ist die Berechtigung dieser Forderungen zweifelhaft. Einerseits gibt es auf Neuguinea über den Rahmen der Dorf- und allenfalls Stammesgemeinschaften hinaus keine politische Organisation, die ihre Rechte selbst vertreten, ihre Entwicklung fördern und die Gesamtheit der Inselbewohner verkörpern könnte, so daß Neuguinea bei einem Verzicht der Holländer und Australier auf ihren dortigen Besitz lediglich einen sich wohl recht unbequem auswirkenden Wechsel der Kolonisatoren erleben würde. Andererseits können indonesische Anrechte auf das Gebiet nur aus der Tatsache geltend gemacht werden, daß die Holländer in großzügiger Form als mittlere und untere Kolonialbeamte Indonesier angestellt haben. Alles, was bisher zur kulturellen Entwicklung der Menschen und des Raumes auf Neuguinea geschah, kam von den Weißen. Daß ihre Kolonialarbeit den Einheimischen gelegentlich mehr oder weniger lästig war, kann nicht bezweifelt werden. Sicher aber ist, daß ein Wechsel der Kolonialherrschaft dort, sowohl die kulturelle wie auch die wirtschaftliche Entwicklung außerordentlich zurückwerfen und den Eingeborenen wesentlich unbequemer als bisher werden wird.

In dem Gesamtraum Neuguineas von der Größe Skandinaviens leben heute etwa 7000 Weiße. Die bedeutendsten von ihnen angelegten Handelsplätze sind im holländischen Gebiet auf der Vogelkopf-Halbinsel die Häfen Manokwari und Sorong, an der Südküste Fak-Fak und Merauke. Auf australischem Gebiet liegen im Süden die Handelsplätze Daru, Kikori, Kerema, Port Moresby und an der Nordküste Wewak am früheren Dallmannhafen, Madang (der ehemals deutsche Kaiser-Wilhelm-Hafen), Salamaua (früher Samoa-Hafen), Buna und Tufi.

Zu Neuguinea gehören sodann noch die großen Inseln in der Geelvink-Bai, Schouten und Japen, die südlich des Vogelkopfes im Schelfmeer liegenden Kei- und Aru-Inseln, sowie in Fortsetzung des Zentralgebirges von Neuguinea die D'Entrecasteaux-Inseln und die Louisiaden. Schließlich werden noch einige kleinere, der Nordküste vorgelagerte Inseln, darunter als Übergang zum Bismarck-Archipel die Long-Insel und Umboi zu Neuguinea gerechnet.

Vegetation, Fauna und Bevölkerung der Inseln stimmen im wesentlichen mit den Verhältnissen der in ihrer Nähe gelegenen Küstenstriche von Neuguinea überein. Von den bewaldeten und verhältnismäßig dicht besiedelten Inseln der Geelvink-Bai weisen nur Schouten mit dem Hafen Bosnek und Japen mit dem Hafen Seroei einige Höhenzüge auf. Die kleinen Inseln Manam östlich der Ramumündung und Karkar nördlich der Astrolabe-Bai tragen noch tätige Vulkane. Auf der 600 m hohen und bewaldeten Long-Insel sowie der ebenfalls bewaldeten, bis zu 2000 m Höhe ansteigenden Insel Umboi mit ihrem schönen Naturhafen Mariahafen ist jedoch die vulkanische Tätigkeit erloschen. Die Bevölkerung der Inseln hat nach der katastrophalen Flutwelle von 1888, die die Inseln wie auch die ihnen gegenüberliegende Küste von Neuguinea heimsuchte, sich von der Küste in das Innere der Inseln zurückgezogen.

Die D'Entrecasteaux-Inseln bestehen aus den drei größeren Inseln Dauila, Moratau und Duau sowie zwei kleineren Inseln mit insgesamt 3750 qkm und etwa 6000 Einwohnern. Die westliche Insel Dauila weist auf ihren bewaldeten, bis zu 1600 und 2000 m Höhe aufsteigenden Bergen teilweise erloschene Vulkane auf. In den Ebenen zu Füßen der Berge liegen zahlreiche Dörfer. Ihre Einwohner betreiben vorwiegend Plantagenbau. Die mit 2000 qkm größte Insel Duau ist ein bis zu 1200 m hohes Bergland. Unter den kleineren Inseln weist wiederum Dobu einen erloschenen Vulkan auf.

Die teilweise von Korallenriffen umgebenen Louisiaden bestehen aus einer Gruppe kleinerer und sechs größeren Inseln. Ihre bewaldeten Berge steigen bis zu 750 m an. Goldfunde auf Tagula brachten nur eine bescheidene Ausbeute. Auf der Mehrzahl der Inseln wird Trepangfischerei betrieben.

Die stark versumpfte und verhältnismäßig dicht besiedelte, 11000 qkm große Frederik-Hendrik-Insel wird nur durch einen flußähnlichen Meeresarm von Neuguinea getrennt. Sie wird zusammen mit der kleineren Insel Komolom im allgemeinen als Festlandsteil betrachtet. Die Lebensverhältnisse der Eingeborenen auf den versumpften Inseln müssen als außerordentlich erschwert bezeichnet werden.

Die aus einer dreiteiligen Hauptinsel und 80 kleineren Inseln mit 7750 qkm bestehenden Aru-Inseln (22000 Einwohner) weisen auf den beiden Nordteilen der Hauptinsel bewaldete Berge auf. Der kleine, der Westküste vorgelagerte Inselhafen Dobo ist, im Gegensatz zu den altindonesischen Urbewohnern der Inseln, vorwiegend von indonesischen Mohammedanern bewohnt. Die Kei-Inseln, mit dem Handelsplatz Toeal, bestehen aus zwei bis zu 900 m hohen Inseln und einer Anzahl kleiner niedriger Inseln von insgesamt 1211 qkm mit 20000 Einwohnern. Die verhältnismäßig dichte Besiedlung beider Inselgruppen kennzeichnet ihre Fruchtbarkeit.

Am Westrand des Vogelkopfes sind schließlich noch die beiden größeren Inseln Salawati und Batanta zu erwähnen, die mit ihren bewaldeten Bergen infolge ihrer Küstennähe geographisch und auch wirtschaftlich als ein Bestandteil der Hauptinsel Neuguinea behandelt werden.

Das Nordgebirge von Neuguinea findet über die Long- und Umboi-Insel seine Fortsetzung im Bismarck-Archipel. Seine Inseln mit zusammen 45700 qkm und 170000 Einwohnern waren einst deutsches Kolonialgebiet und sind heute australisches Mandat. Die hufeisenförmig angeordneten drei Hauptinseln des Archipels Neupommern (Neubritannien), Neumecklenburg (Neuirland) und Neuhannover (Lavongai) leiten im Nordwesten zu den Admiralitäts-Inseln und nach Süden zu den Salomon-Inseln über. Eine Anzahl, dem Archipel nördlich vorgelagerter kleiner Inseln, wie Mussau (St.-Matthias-Land), Tabar (Gardner-Inseln), Lihir (Gerrit de Nys-Insel), die Tanga- und Lir-Inseln sowie Nissan, stellen wohl die Überreste des äußersten alten Nordrandes von Australien dar, dessen südliche Fortsetzung über die Salomonen, die Santa-Cruz-Inseln, die Neuhebriden, sodann die Viti- und Tonga-Inseln nach Neuseeland führt. Dahingegen findet das Zentralgebirge von Neuguinea seine Fortsetzung über die D'Entrecasteaux-Inseln, die Louisiaden zur Rennell-Insel, um sich dann weiter südlich in zwei Stränge zu teilen. Der östliche Strang führt über Neukaledonien und die Norfolk-Inseln, der westliche über die Chesterfield- und Lord-Howe-Inseln nach Neuseeland (Skizze 8).

Im Bismarck-Archipel sind sowohl die drei Hauptinseln wie auch die nördlich vorgelagerte Inselkette gebirgig und weisen vulkanische Tätigkeit auf. Die beiden größten Inseln, die 33700 qkm umfassende Insel Neupommern und die 7800 qkm große Insel Neumecklenburg sind lang und schmal. Ihre Gebirge bestehen aus älteren Erstarrungs- und Schichtgesteinen und tragen zum Teil noch tätige Vulkane. Sie erreichen auf Neupommern Höhen bis zu 2600 m und im Südteil von Neumecklenburg 2100 m. Ihre Bergeshänge sind durch zahlreiche Wasserrinnen stark zerklüftet. Weiteste Inselteile sind von üppig wuchernden Urwäldern bedeckt, daher unwegsam und im allgemeinen nur in den Küstenstrichen stärker besiedelt. Breite Korallenriffe umspannen ausgedehnte Strandgebiete. An vielen Stellen erschweren Mangrovensümpfe das Betreten der Inseln. Ausgeprägte Strandterrassen und hochgehobene Korallenkalke lassen stellenweise ein Aufsteigen der Küste bis in die jüngste Zeit erkennen.

Während die Küste von Neumecklenburg nur schwach gegliedert ist, weist Neupommern verschiedene kräftige Einbuchtungen sowohl an der Nord- wie auch an der Südküste auf. Diese Insel trägt auch die mächtigsten Zeugen jüngeren vulkanischen Geschehens. Die in der Mitte der Insel nach Norden vorspringende Willaumez-Halbinsel zeigt mehrere erloschene Vulkane, Geiser, Solfatare, Schlammkrater und heiße Quellen. Weiter südlich ist der zur Zeit untätige Uku oder Richthofenberg, der erste der vier Hauptvulkane der Insel. Ihm schließen sich nach Norden an der 925 m hohe, noch tätige Bamus (Südsohn), der 2600 m hohe, ebenfalls noch tätige Nauvalum (Vater) und der erloschene, 990 m hohe Golau (Nordsohn). Ferner weist die nach Norden ragende, trapezförmige Gazelle-Halbinsel drei weitere Vulkane auf. Schließlich befinden sich auf der äußersten Nordwestküste der Insel im Below-Berg wie auch auf der ihm vorgelagerten kleinen Ritter-Insel noch zwei überaus tätige Vulkane. Sich häufig wiederholende Erdbeben, das Auftauchen einer neuen Insel in Verbindung mit einem unterseeischen Ausbruch inmitten der Blanche-Bai lassen erkennen, daß die Bewegungen der Erdrinde in diesem Gebiete noch nicht zur Ruhe gekommen sind. Das Klima, seine Einwirkung auf die Weißen, wie auch Flora und Fauna der Inseln entsprechen in großen Zügen den Verhältnissen auf Neuguinea.

Wie dort, bestehen auch auf den verschiedenen Inseln des Bismarck-Archipels und sogar innerhalb der einzelnen Inseln selbst erhebliche Unterschiede zwischen den einzelnen Gruppen der Bevölkerung. In den Bergwäldern der Gazelle-Halbinsel führen die Baining, wohl ein mit den Papuas verwandter Stamm, ein unstetes Bauernleben primitivster Form. Sie kennen weder totemistische Verbände noch andere Arten von Heiratsgruppen. Die Bewohner der Küstenstriche der Halbinsel, durch die Geheimbünde der Duk-Duk-Tänzer bekannt, scheinen mit den Ostmelanesiern verwandt, während im Westteil von Neupommern seefahrende Melanesier, die Nakanai und Sulka, leben. Die Küstenbewohner von Neumecklenburg lassen wiederum polynesische Einflüsse erkennen.

Insgesamt war die einheimische Bevölkerung ursprünglich wenig zugänglich. Da bei ihnen die Feldarbeit den Frauen zusteht, war es besonders schwierig, Arbeiter für die Plantagen zu gewinnen. Sie mußten auf den Salomonen angeworben werden. Wenn dort auch die gleichen Sitten bestanden, so empfinden ganz allgemein in Ozeanien die Männer die Ausübung der Feldarbeit auf fremden Inseln weniger entwürdigend als in der Heimat. Eine wesentliche Voraussetzung für den Erfolg der Werbung auf die Dauer war die Garantie der Heimkehr nach Ablauf des Arbeitsvertrages. Die sodann in regelmäßigem Wechsel mit gutem Lohn ihre Heimat wiedererreichenden Arbeiter wirkten in der Folge als Kulturträger und erleichterten die weiteren Anwerbungen. So war die deutsche Kolonie, deren Hauptsitz anfangs in der Station Herbertshöhe über der Blanche-Bai, später in Rabaul lag, in aufsteigender Entwicklung. Die Ausfuhr von Kopra, Kakao, Perlmutt und Trepang steigerte sich von Jahr zu Jahr. Nach Übernahme des Mandats durch die Australier wurde Rabaul an der Blanche-Bai endgültig Regierungssitz. Nach australischen Angaben soll sich seit 1914 der Umfang der Pflanzungen mehr als verdoppelt haben.

Die an Neuhannover westlich anschließenden Admiralitäts-Inseln bestehen aus der 1952 qkm umfassenden Hauptinsel Manus und einer größerer Anzahl kleinerer Inseln. Zu ihnen gehören auch die südlich von Manus liegenden Purdy-Inseln und weiter westlich die Hermit- und Ninigo-Inseln. Auf der Insel Manus erheben sich als jungvulkanische Massen auf altkristallinem Sockel ruhende Berge im Taui bis zu 915 m Höhe. Regenreiche Bergwälder hüllen die Insel in ein üppiges Pflanzenkleid. Korallenriffe umschließen weite Küstenteile. Die Mehrzahl der kleinen Inseln, wie die phosphatreichen Purdy-Inseln, die Hermit- und Ninigo-Inseln, sind ausgesprochene niedrige Koralleninseln mit teilweise ertragreichen Kokospalmenhainen. Das gesamte Inselgebiet umfaßt 2600 qkm und ist mit 13000 Einwohnern, vorwiegend westmelanesischer Herkunft, verhältnismäßig dicht besiedelt. Während sich auf der Insel Manus noch schwache polynesische Einflüsse feststellen lassen, treten auf den westlichen Inseln indonesisch-mikronesische Einflüsse in den Vordergrund.

Südlich von Neupommern liegen sodann als weiteres Glied der großen Inneren Inselkette die bereits von dem Spanier Alvaro Mendaña entdeckten Salomon-Inseln. Ihre teilweise in zwei Reihen angeordneten 7 großen und zahlreiche kleineren Inseln umfassen insgesamt 43900 qkm mit 200000 Einwohnern. Von ihnen waren bis 1918 die beiden nördlichen Inseln Buka und Bougainville deutsches Schutzgebiet und stehen heute unter australischer Verwaltung, während die übrigen Inseln britischer Besitz sind.

Zur nordöstlichen Inselreihe gehören vor allem Buka, Bougainville, Shortland, Fauro, Choiseul, Isabel mit den St.-Georgs-Inseln, Anuda, Gower, Malaita und Ulaua. Im Bereich der südwestlichen Inselreihe liegen: Treasury oder Mono, Vella Lavella, Renongo, Narova oder Eddystone, Kulambangra, Rendova, Montgomery, Neugeorgia oder Kausagi, Narova, die Karajiu-Inseln, Murray, die Pawuwu- oder Russell-Inseln, Savo, Guadalcanar und Bauro oder San Christobal. Das Grundgerippe der Inseln bilden stark zertrümmerte archäische und altvulkanische Gesteine, die in großem Umfange von jungvulkanischen Gebirgen überlagert sind. Mehrere der Hochinseln wie auch eine Anzahl der niedrigen Inseln weisen Spuren jungvulkanischer Tätigkeit auf wie Fumarolen, Solfataren und heiße Quellen. Häufige Erdbeben erschüttern die Inseln, tätige Vulkane wirken noch auf Bougainville. Während einerseits hochliegende Korallenkalkterrassen stufenweise Erhebungen anzeigen, sind andererseits im Nordwesten auch Senkungen zu erkennen. Ausgedehnte Korallenriffe und Mangrovenwälder an den Küsten erschweren vielfach die Annäherung. Reichliche Regenfälle mit Niederschlagsmengen zwischen 2500–4000 mm und der fruchtbare Boden sind die Ursachen üppigsten Pflanzenwuchses. Schwer gangbare Urwälder breiten sich über Täler und Berge.

Die im Westen von einem ausgedehnten Korallenriff begleitete Insel Buka wird durch die Buka-Straße von Bougainville getrennt. Korallenkalke, jungeruptive Gesteine und Tuffe weisen dort die bis zu 400 m hohen Berge auf. Die dicht besiedelten, bis zu 40 km breiten Küstenebenen von Bougainville werden von zwei mächtigen, mit Urwald bedeckten Gebirgszügen überragt. Die nördliche Kette bildet das Kaisergebirge mit der steilen, 3100 m hohen Pyramide des tätigen Vulkans Balbi. Das südlich anschließende und steil zu den Küsten abfallende Kronprinzengebirge mit dem ebenfalls tätigen Vulkan Bagana erreicht im Süden Höhen bis zu 2360 m. Auch die kleineren Inseln der nordöstlichen Inselreihe, die ebenfalls ausgedehnte Korallenriffe aufweisen, erreichen noch Höhen zwischen 600 und 1300 m. Im Zuge der südwestlichen Inselreihe wird die 3115 qkm große Insel Bauro von bewaldeten Bergen bis zu 1250 m Höhe überragt. Die im letzten Weltkriege schwer umkämpfte, durch ihre Urwälder unwegsame Insel Guadalcanar erreicht Höhen bis zu 2400 m. Von den weiteren Inseln dieser Reihe sind innerhalb der Florida-Gruppe die kleine Insel Tulagi mit dem Haupthafen der Salomon-Inseln und die wirtschaftlich am meisten entwickelte Insel Vella Lavella mit ihren zwölf großen Plantagenbetrieben zu erwähnen.

Klima, Flora und Fauna der wegen der feindseligen Haltung der Eingeborenen noch wenig durchforschten Inseln entsprechen den auf Seite 86, 87 gemachten Angaben. Die einheimische Bevölkerung, im Innern von Bougainville melanesische Pygmäen, an den Küsten fast aller Inseln seefahrende Melanesier mit vortrefflichen Booten, wurde bereits lange vor der Besitznahme der nördlichen Inseln durch Deutschland durch Zwangsanwerbungen und das überhebliche Auftreten früher dort erscheinender Walfänger derartig verprellt, daß sie einer Kolonisierung bis in die jüngste Zeit erheblichen Widerstand entgegensetzte. Immerhin konnte das streng rechtliche System der deutschen Anwerbungen auf Buka und Bougainville vorübergehend die Lage bessern. Auf Ongtong Java, östlich der Salomon-Inseln, sind polynesische Einwirkungen gegen Ende des 18. Jahrhunderts feststellbar (siehe Seite 92).

Diese von Samoa ausgehenden polynesischen Einflüsse machen sich auch auf den Santa-Cruz-Inseln und den Neuhebriden bemerkbar. Diese Inseln wurden daher in der Skizze 9 in das sogenannte Übergangsgebiet zwischen Melanesien und Polynesien einbezogen.

Die 1595 ebenfalls von Mendaña entdeckten Santa-Cruz-Inseln bestehen aus 7 größeren hohen Inseln und einer großen Anzahl kleinerer Koralleninseln. Sie umfassen insgesamt 940 qkm mit 22700 Einwohnern ostmelanesischer und polynesischer Herkunft. Sie haben besonders unter den früher von den Viti-Inseln ausgehenden Zwangsanwerbungen gelitten und sind daher in hohem Maße fremdenfeindlich. So sind diese in britischem Besitz befindlichen Inseln weder in größerem Umfang kolonisiert noch eingehend erforscht worden. Die in ihrem geologischen Aufbau den Salomonen ähnelnden Inseln weisen viele erloschene Vulkane und auf der kleinen Insel Tinakora oder Tinakula den wohl tätigsten Vulkan der Südsee-Inseln auf. Die größte Insel der Gruppe ist Santa Cruz oder Ndeni (560 qkm) mit bis zu 600 m Höhe ansteigenden, dicht bewaldeten Bergen im Osten und Flachland im Westen. Die zweitgrößte Insel, Vanikoro (164 qkm) im Süden, wird von einem mächtigen Korallenriff umschlossen. Die übrigen, meist niedrigen Inseln weisen ausgedehnte Barrier- und Ringriffe auf. Sie leiden vielfach unter den Fluterscheinungen der auf Seite 86 erwähnten Stürme.

Die 1606 von dem Spanier de Quiros entdeckten und seit 1914 unter britisch-französischer Gemeinschaftverwaltung stehenden Neuhebriden bestehen aus 26 größeren und kleineren Inseln mit zusammen 12307 qkm und 50000 Einwohnern, darunter etwa 1000 Weiße. Der von ausgedehnten Wallriffen umschlossene Archipel bildet zwei Inselgruppen. Die in zwei Inselreihen gegliederte Nordgruppe enthält in ihrer wirtschaftlich weniger entwickelten westlichen Reihe unter anderen die größten Inseln des Gesamtarchipels Espiritu Santo oder Marina (4857 qkm) und Mallicolo (2270 qkm), während die wesentlich kleineren Inseln der Ostreihe, wie Maivo, Aoba, Araga, Ambrym, Api und Efate, in höherm Maße erschlossen sind und daher im Haupthafen Port Vila auf Efate den Sitz der englisch-französischen Gemeinschaftsverwaltung tragen. Bis auf die nur 30 m hohe Koralleninsel Aniwa sind sämtliche anderen Inseln hohe Inseln vulkanischen Ursprungs. Auf den beiden größten Inseln Espiritu Santo und Mallicolo sind unter den Decken aus Korallenkalken und jungvulkanischen Gesteinen Trümmer des alten Grundgebirges aus Gneis und alten Eruptivgesteinen festgestellt worden. Sie bergen auch auf Mallicolo wie auf Merena und Api Kupfer und Schwefeleisenlager. Die in fünf Stufen bis zu 200 m Höhe gehobenen Korallenkalke lassen viele der Inseln von weitem als von vulkanischen Kegeln überragte Tafelberge erscheinen. Jungvulkanische Erscheinungen sind besonders auf den nördlichen Inseln der Ostreihe erkennbar. Auf Maivo bestehen Sinterterrassen. Über Ambrym ragt der tätige Vulkan Marum bis zu 1100 m Höhe empor. Die kleine Insel Lopevi trägt einen 1600 m hohen tätigen Vulkan, während auf Api drei spitze Kegel von 600–850 m Höhe wohl als erloschene Vulkane anzusprechen sind. Häufig auftretende Dampf- und Schwefelquellen sowie Erdbeben sind weitere Zeugen reger vulkanischer Tätigkeit. Dafür ist jedoch der verwitterte Vulkanboden außerordentlich fruchtbar. Die Annäherung des Archipels an den Wendekreis läßt besonders auf den südlichen Inseln Tanna, Eromango und Aneityum den Übergang zum gemäßigten Klima erkennen. Dort bringt der Südwinter eine ausgesprochene Trockenzeit und der Südsommer die im April am stärksten zum Ausdruck kommende Regenzeit. So sinken dort auch im Winter die Temperaturen auf etwa + 16° C. Während auf den nördlichen Inseln noch tropischer Urwald wuchert und Kokospalmen den Strand bedecken, treten im Süden bereits Araukarien, die Kentiapalme und Kaurifichten auf, bieten Savannen und Trockenwälder weite Grasflächen als gute Weiden. Die Eingeborenenbevölkerung besteht aus seefahrenden West- und Ostmelanesiern mit teilweise polynesischem Einschlag. Noch um 1800 erreichte ein polynesischer Zug von Samoa aus die Inseln. Auch Überreste einer pygmäenähnlichen Urbevölkerung wurden festgestellt. Die gleichen

Übergriffe der Vergangenheit, wie sie auf den Santa-Cruz-Inseln erwähnt wurden, haben auch auf den Neuhebriden eine starke Auflehnung gegen die Weißen verursacht. Fortgesetzte Kämpfe der dem Handel mit Menschenfleisch frönenden verschiedenen Stämme erschwerten die Befriedung der Inseln. Mit der zunehmenden Ansiedlung von Weißen, vor allem auf den Inseln Merena und Efate, und damit verbundener Missionstätigkeit ist allmählich eine gewisse Beruhigung eingetreten. Neben Kopra werden Mais, Kaffee, Baumwolle und Holz gewonnen. Die ursprünglich reichen Bestände an Sandelholz sind allerdings stark gelichtet.

Die zwischen den Santa-Cruz-Inseln und den Neuhebriden gelegenen Torres- und Banks-Inseln bestehen im allgemeinen aus Korallenkalk auf vulkanischem Kern und gehören ihrem geologischen Aufbau nach zu den Neuhebriden. Sie umfassen zusammen 123 qkm mit rund 1500 Einwohnern. Ihre nördliche subtropische Lage gestattet den Anbau von Kaffee, Zuckerrohr und Tabak.

Südlich der Neuhebriden schlägt die unterseeische tektonische Leitlinie des Außenrandes der Inneren Inselkette nach Osten aus und wird von den 1642 von Tasman entdeckten Viti- oder Fidji-Inseln gekrönt. Im Schutze eines riesigen Wallriffes umschließen hohe vulkanische und niedrige Koralleninseln in einem Kreise von 500 km Durchmesser das Koro-Meer. Im Nordabschnitt liegen hinter dem Großen Seeriff mit den Jasava-Inseln die beiden Hauptinseln Viti Levu und Vanua Levu mit den kleineren Inseln Rabe und Taviuni. Die Ostgruppe bilden die in Scharen oder einzeln von Ringriffen umgebenen niedrigen Ringgold-Inseln, sowie die aus hohen und niedrigen Inseln bestehenden Lau-Inseln. Im Westen ragen im Schutze von Viti Levu die hohen Inseln Bengha, Vatuleite und Kandavu aus dem Meer empor. Zur Zentralgruppe Viti i Loma, inmitten des Koro-Meeres, gehören die hohen Inseln Koro, Batiki, Nairai, Gau, Moala, Totoya und Matuku. Die Gesamtgruppe besteht aus 322 Inseln mit einem Umfang von 18 344 qkm, etwa gleich der Größe von Württemberg. Jedoch sind nur 80 Inseln bewohnt.

Der geologische Aufbau der Inseln, Korallenkalk und jungvulkanische Decken auf altem Grundgestein sowie ihre Flora und Fauna kennzeichnen die Inselgruppe als Überrest des australischen Festlandes. Die jungvulkanischen Gebirge, deren Gipfel auf Viti Levu und Vanua Levu Höhen bis 1260 m erreichen, sind bereits derartig verwittert, daß sie als schroffe Zacken das Grün der üppigen Bergwälder überragen. Nur noch auf Taviuni ist ein 1200 m hoher Berg mit einem Kratersee als erloschener Vulkan zu erkennen. Die

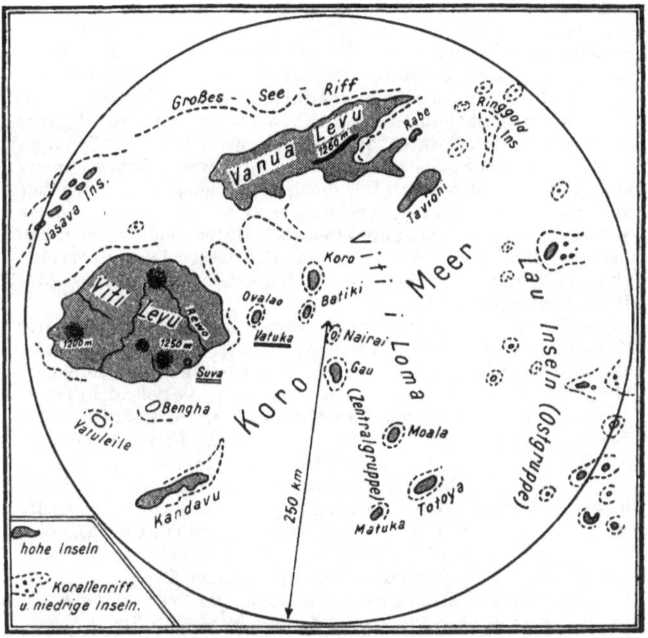

Skizze 37: Die Viti- oder Fidji-Inseln

Inseln der Zentralgruppe erreichen Höhen zwischen 190 m auf Batiki, bis zu 710 m auf Gau. Heiße Quellen und häufige Erdbeben erinnern an die im Schoße der Tiefe noch wirkenden vulkanischen Kräfte. Die Berge der Mehrzahl der Inseln fallen fast durchweg im Osten steil zum Meere ab, so daß die westlichen Inselteile meist im Regen- und Windschatten liegen.

Die vorherrschenden Winde des Südostpassates sind besonders in den Monaten April bis November kräftig und wirken daher mildernd. In den Monaten Dezember bis März treten zuweilen Wirbelstürme auf. Die jährlichen Niederschlagsmengen betragen auf den Windseiten der hohen Inseln zwischen 5000–6000 mm und im Windschatten der Gebirge im Durchschnitt etwa 2500 mm. Die mittlere Jahrestemperatur liegt um 26° C. Infolgedessen decken die Südosthänge der Berge bis hoch hinauf üppige Tropenwälder mit Palmen, Farnen und Bambus, während die Leeseiten Savannencharakter mit Pandanus und Kasuarinen aufweisen. Die wichtigsten natürlichen Nutzpflanzen sind: Kokospalmen, Brotfruchtbäume, Pisang, Taro und Bataten. In den Plantagen werden auf den meist fruchtbaren Böden Zuckerrohr, Reis, Baumwolle, Tabak, Ananas und Bananen angebaut. Die einzigen einheimischen Säugetiere sind Fledermäuse und Nager. Die Vogelwelt weist etwa 50 Arten, vor allem Tauben und Papageien auf. Unter den Reptilien sind neben Geckos je eine Art Waranane und Giftschlangen charakteristisch. Unter dem eingeführten Nutzvieh gedeihen besonders Rinder auf guten Weiden.

Die Bevölkerung umfaßt rund 285000 Menschen, darunter etwa 5000 Weiße und 125000 als Plantagenarbeiter eingewanderte Inder. Die einheimischen Melanesier sind besonders auf den Inseln der Ostgruppe stark mit Polynesiern vermischt, die von den Tonga-Inseln kamen. Die Formen des Hausbaus und der einheimischen Boote lehnen sich stark an polynesische Vorbilder an. Wenn auch die Viti-Leute schwer zu geregelter Plantagenarbeit zu gewinnen sind, waren sie doch der christlichen Mission zugänglich, so daß sie heute vielfach in gehobenen Stellungen als Angestellte, sogar Beamte und Ärzte tätig sind. Die günstigen natürlichen Verhältnisse, die Aufgeschlossenheit des bedeutendsten Teiles der Einheimischen sowie die geschickte Kolonialpolitik der Briten haben zur beachtlichen wirtschaftlichen Entwicklung geführt. Auf den hohen Inseln bestehen über 500 km Förderbahngleise und Straßen sowie an 100 km Telegraphenlinien. Verschiedene Flüsse der Hauptinseln sind wie der Rewa auf Viti Levu außerordentlich wasserreich und bis zu 60 km landeinwärts schiffbar. Ferner sind die Inseln ein wichtiger Stützpunkt des britischen Südseekabels. Die Hauptstadt der Inseln, Suva in einer geschützten Bucht der Südostküste von Viti Levu, wird mit ihren breiten, gepflegten Straßen und ansehnlichen öffentlichen wie privaten Häusern, inmitten farbenfreudiger Südseevegetation, als eine der schönsten Südseestädte angesprochen. Die Europäerniederlassung mit rund 1800 Weißen ist von den ebenfalls wohlgeordneten Eingeborenensiedlungen getrennt. Der sich entwickelnde Wohlstand auf den Viti-Inseln ergibt sich allein aus der Tatsache, daß die Ausfuhr an tierischen Produkten der Viehzucht, an Kopra, Rohzucker und Bananen die Einfuhr fast um das Doppelte übersteigt.

Während die unterseeische tektonische Leitlinie von den Lau-Inseln der Südgruppe nach Süden zu den Kermadec-Inseln führt, umschließt eine weitere unterseeische Leitlinie mit den von Polynesiern bewohnten Inseln vulkanischen Ursprungs, Rotuma, Futuna und Niuafu im Halbbogen die Viti-Inseln und zieht sich über die Tonga- zu den Kermadec-Inseln. Von den drei genannten Inseln ist besonders Futuna als Ausgangspunkt eines polynesischen Wanderzuges in Richtung Neukaledonien über Uvea um 1750 interessant. Die polynesischen Wanderer nannten zwei der von ihnen an der Ostküste von Neukaledonien besiedelten Inseln ebenfalls Futuna und Uvea, so daß diese beiden Inselnamen im Raum zwischen Samoa und Neukaledonien zweimal vertreten sind.

Die durch den über 9000 m tiefen Tonga-Graben im Osten begrenzten Tonga- oder Freundschafts-Inseln gehören ethnographisch zu Polynesien, während sie geographisch den Ostrand der Inneren Inselkette darstellen. Die sich in mehreren Reihen über einen großen Raum von Norden nach Süden erstreckenden Inseln gliedern sich in die drei Gruppen Vavau, Haapai und Tongatabu. Ihre 100 Inseln umfassen, einschließlich der abseits gelegenen hohen Inseln Niuafu, Niuatabutabu und Taotahi, eine Landfläche von 977 qkm mit 45 000 Einwohnern, darunter 400 Weißen. Während die Inseln der westlichen Reihe vorwiegend als niedrige Koralleninseln erscheinen, sind die großen Inseln der Ostreihe vulkanischen Ursprungs und lassen vielfach noch eine rege vulkanische Tätigkeit erkennen. Inseln tauchen aus dem Meere auf, erreichen, wie die Falcon-Inseln, eine Höhe bis zu 90 m, um dann wieder im Meere zu versinken. In größerem Umfang tätig ist noch der 580 m hohe Tofua auf der gleichnamigen, nur 55 qkm großen Insel. Aus dem Gesamtumfang der Landfläche ergibt sich schon, daß auch die hohen Inseln nur klein sind. Von der insgesamt 187 qkm großen Nordgruppe nimmt die mit einem guten Hafen versehene Insel Vavau allein 145 qkm ein. In der Südgruppe ist Tongatabu, die heilige Insel der Westpolynesier, mit 430 qkm die größte Insel der Gesamtgruppe. Die Lage der Inseln hart nördlich des südlichen Wendekreises wirkt sich mäßigend auf das Klima aus, so daß die mittleren Jahrestemperaturen zwischen 24° und 25° liegen. Die Niederschläge sind reichlich. Störend sind im Sommer (Dezember bis Februar) häufig auftretende Orkane.

Auf den fruchtbaren Vulkanböden gedeihen als Nutzpflanzen Kokospalmen, Pisang, Brotfruchtbäume, der Papiermaulbeerbaum, Feigen, Yam, Bataten, Zuckerrohr und Baumwolle neben der Fülle der Pflanzen subtropischer Wälder. Die Fauna entspricht etwa der

der Viti-Inseln. Die Bevölkerung besteht vorwiegend aus den hochentwickelten, besonders für Handwerk, Schiffbau und den Handel begabten Polynesiern. Sie haben sich 1845 nach langwierigen inneren Kämpfen in einem polynesischen Königreich zusammengeschlossen und 1900 unter britischen Schutz wie auch britische Finanzverwaltung gestellt. Die Hauptstadt der gesamten Tonga-Inseln ist Nukualofa mit einem sehr guten Naturhafen auf Tongatabu. Die stete wirtschaftliche Entwicklung dieses nunmehr friedlichen Polynesierreiches wird durch den zunehmenden Ausfuhrüberschuß, besonders aus der Ausfuhr von Kopra, Vieh und Schwämmen gekennzeichnet. Die Inseln wurden 1616 von Schouten und Le Maire entdeckt und 1643 von Tasman besucht.

Als letzte Inseln über der nach Neuseeland führenden unterseeischen, tektonischen Leitlinie ragen westlich des zwischen 8000 bis 9412 m tiefen Kermadec-Grabens die zu Neuseeland gehörenden kleinen Insel Raoul und die Kermadec-Inseln über dem Meeresspiegel empor. Die 29,1 qkm große Insel Raoul, mit ihrem 543 m hohen tätigen Vulkan, ist unbewohnt. Die 1788 entdeckten, insgesamt 33,2 qkm umfassenden drei Kermadec-Inseln liegen noch innerhalb der 20°-Jahresisotherme. Ihre aus wild zerklüfteten Korallenkalken und jungvulkanischen Gesteinen bestehenden Oberflächen weisen auf der nur von drei Menschen bewohnten Hauptinsel subtropischen Pflanzenwuchs auf, während die beiden anderen unbewohnten Inseln mit Gebüsch bedeckt sind.

Die zweite unterseeische tektonische Leitlinie im Zuge der Inneren Inselkette führt von den Louisiaden über die Rennell-Insel, Neukaledonien, die Loyalty- und Norfolk-Insel auf Neuseeland.

Die 770 qkm große Rennell-Insel wird im allgemeinen den Salomonen zugerechnet, zu denen sie ihrer äußeren Struktur nach auch gehört. Die Inselgruppe Neukaledonien ist das bedeutendste überseeische Glied dieser Kette. Von dem Gesamtumfang der Inselgruppe mit 19800 qkm nimmt die gleichnamige Hauptinsel allein 16117 qkm in Anspruch. Der übrige Raum verteilt sich, neben einer Anzahl sehr kleiner Inseln in Küstennähe der Hauptinsel, auf die nördlich vorgelagerten Belep-Inseln und die südlich anschließenden Kunie- oder Pinien-Inseln. Die nur schwach gegliederte Küste der 392 km langen und im Durchschnitt 45 km breiten Hauptinsel wird von einer 200—1000 m breiten Korallenriffmauer begleitet. Sie gestattet nur im Süden sowie vor den Flußmündungen die Annäherung an die Insel. Das die Hauptmasse der Insel deckende Gebirge erreicht im Norden und Süden Höhen über 1600 m. Es fällt im allgemeinen zur Ostküste steil ab, während es nach Westen in ein sanftgewelltes Hügelland übergeht. Zahlreiche, meist nur kurzläufige Flüsse mit starkem Gefälle, strömen in wild zerklüfteten Quertälern dem Meere zu. Nur im Norden durchschneiden der über 100 km lange, auf die Hälfte seines Laufes schiffbare Diahot und im Süden der etwa 50 km lange Yaté das Gebirge in der Längsrichtung. Den Grundstock des Gebirges bilden archäische Gesteine und mesozoische Schichten mit reichen Erzlagern, vor allem an Nickel, Kobalt und Chrom. Gold- und Kupfervorkommen sind unbedeutend. Junge vulkanische Gesteine sind unbekannt.

Das Klima der im Süden den südlichen Wendekreis fast berührenden Insel ist beinahe subtropisch. Die mittleren Jahrestemperaturen betragen 20,2° C. Die jährliche Niederschlagsmenge beträgt 1800 mm. Sie ist bei vorherrschenden Ostpassaten im Nordosten im allgemeinen höher als im Südwesten. Die in den Höhenlagen zwischen 600–1600 m, hauptsächlich im Osten der Insel befindlichen Bergwälder mit hohem kräftigem Baumbestand, Akazien, zahlreichen Farnen, Orchideen und Moosen fangen die vom Passat in das Land getragenen Regen auf und wirken als Wasserspender. Die trocknere Westseite weist Grasfluren und Buschwälder auf. In lichten Hainen stehen dort die weißrindigen, den Eukalypten verwandten Niaulibäume, auch Kaurifichten und Araukarien. Kokospalmen gedeihen auf weiten Strandflächen. Während an der mehr tropischen Ostküste Reis, Zuckerrohr, Mais, Maniok, Kaffee, Tabak, Ananas, auch Wein und Baumwolle mit Erfolg angebaut werden, bieten die westlichen Grasfluren Rinder- und Schafherden gute Weiden. Die landwirtschaftlichen Erzeugnisse treten jedoch hinter den Erträgen des Bergbaus zurück. Die Chromgewinnung beträgt 25% der Welterzeugung. Ihr Hauptgebiet liegt bei Yaté an der Südostküste. Die Nickelerzeugung, die früher an erster Stelle der Weltproduktion stand, ist inzwischen von Kanada überflügelt worden. Ihre Hauptanlagen liegen im Norden bei Tao und weiter südlich bei Thio. Die meist in Begleitung der Nickelerze vorkommenden Kobalterze werden ebenfalls in beachtlichem Umfang gewonnen. Dahingegen ist die Kupfergewinnung eingestellt. Die vorhandenen Eisenerze werden aus Mangel an Arbeitskräften überhaupt nicht abgebaut.

Die 1774 von Cook entdeckte und 1792–1793 von D'Entrecasteaux auf der Suche nach der verschollenen La-Pérouse-Expedition näher untersuchte Insel ist seit 1854 französischer Besitz und diente 1863–1894 als Strafkolonie. Ihr Hauptsitz war neben der Insel Nou der an der mittleren Westküste liegende Platz Bourail. Heute ist Noumea, im Südwesten der Insel mit über 10000 Einwohnern, die Hauptstadt des französischen Kolonialgebietes, einschließlich der Pinien- und Loyalty(Loyauté)-Inseln. Die Gesamteinwohnerzahl dieser Kolonie wird mit 63117 Menschen, darunter fast 18000 Weißen angegeben. Die eingeborenen Ost- und Westmelanesier leben in Stärke von etwa 30000 vorwiegend an der Ostküste von Neukaledonien und auf den ihnen als Reservat überlassenen Loyalty-Inseln. Die protestantische und katholische Mission haben durch ihr erfolgreiches Wirken eine stete und ruhige Entwicklung angebahnt.

Die Neukaledonien östlich vorgelagerten und 1827–1837 von Dumont d'Urville erforschten Loyalty-Inseln bestehen aus den drei hohen Inseln Uvea, Lifou und Maré mit einem Umfang von 1972 qkm. Langgestreckte flache Höhenzüge erheben sich in deutlich wahrnehmbarer Doppelterrasse bis über 100 m steil aus dem Meer. Die östlichen Steilhänge beider Terrassen lassen die aushöhlende Wirkung der Brandung erkennen. Auf den für die Ansiedlung von Weißen gesperrten Inseln leben, außer den Regierungsvertretern und Missionaren, nur Eingeborene, unter ihnen melanesisch-polynesische Mischlinge auf der von den Polynesiern nach ihrer Heimat Uvea (siehe Seite 144) genannten Insel.

Die im weiteren südlichen Verlauf der unterseeischen Leitlinie halbwegs Neukaledonien und Neuseeland aus dem Meer aufragende Norfolk-Insel ist mit 44 qkm und 1060 Einwohnern australischer Besitz. Die im Mount Pitt 317 m Höhe erreichende, aus Korallenkalk bestehende Insel ist außerordentlich fruchtbar. Wälder mit stattlichen Norfolktannen, Baumfarnen und Palmen decken die Höhenzüge. Gute Weiden bieten die Täler. Neben dem Anbau von Kaffee, Apfelsinen und Bananen wird dort Viehzucht getrieben. Die 1774 von Cook entdeckte Insel war 1788–1851 britische Strafkolonie. Sie wurde 1856 den Nachkommen der Bounty-Meuterer auf der übervölkerten Insel Pitcairn überlassen, die jedoch teilweise wieder nach Pitcairn zurückkehrten. Heute ist die Insel als Durchgangsstation des britischen Südseekabels und Walfangstation in den von Walschwärmen besuchten Gewässern von Bedeutung. Wegen ihres angenehmen Klimas und ihrer landschaftlichen Schönheit wird sie in zunehmendem Umfang als „Madeira der Südsee" von Erholungsreisenden besucht.

Der sich von Neuseeland nach Nordwesten erstreckende unterseeische Höhenzug wird nur von den Chesterfield- und Lord-Howe-Inseln überragt. Die zur französischen Kolonie Neukaledonien gehörenden Chesterfield-Inseln bestehen aus wenigen kleinen Koralleninseln von nur 0,8 qkm Umfang. Sie haben lediglich durch ihre Guanolager eine gewisse Bedeutung.

Dahingegen ist die im Jahre 1788 von den Engländern entdeckte, 16 qkm große Lord-Howe-Insel vulkanischen Ursprungs. Auf der im Westen von einem Korallenriff begleiteten Insel ragen Basaltberge im Süden bis zu 865 m Höhe empor, während die durch eine Korallensandebene von dem südlichen Massiv getrennten Nordberge nur 218 m Höhe erreichen. Flora und Fauna der klimatisch milden und niederschlagsreichen Insel weisen Zusammenhänge mit Australien und Neuseeland auf. Die Bebauung des an sich fruchtbaren Bodens wird durch die starke Zerklüftung des Geländes erschwert. Daher weist die Insel nur 120 Einwohner auf. Zu Australien gehörend, wird die Insel häufig von Walfängern als Stützpunkt benutzt.

Die ethnographisch zu Polynesien gehörende große Doppelinsel Neuseeland, mit den östlich und südöstlich vorgelagerten, auf dem gleichen unterseeischen Sockel ruhenden Inseln, bildet den südlichen Ausgangspunkt der drei unterseeischen tektonischen Leitlinien der Inneren Inselkette. Mit einem Umfang von 270000 qkm ist Neuseeland die zweitgrößte Insel Ozeaniens, zugleich aber auch das am weitesten nach Süden sich der Antarktis nähernde Gebiet des Gesamtraumes Australien—Ozeanien. Die Loslösung der Insel von Australien durch die bis über 5000 m tiefe Tasman-See erfolgte wahrscheinlich kurz vor oder zu Beginn der Kreidezeit, während die Aufspaltung der Insel selbst in die beiden Glieder der Nordinsel mit 115000 qkm und der Südinsel mit 155500 qkm, ebenso wie die Absonderung der Stewart-Inseln wohl erst im Tertiär stattfand. In seiner Gesamtgestalt erscheint Neuseeland als Antipode von Italien und kommt auch an Größe Italien nahe. Der neuseeländische Stiefel ist allerdings stark zerrissen. Die an der schmalsten Stelle nur 38 km breite Cook-Straße trennt den Schaft der Südinsel von dem Fuß der Nordinsel. Ist die Südinsel an ihren Längsseiten nur schwach gegliedert, so weisen ihre Südwest- und Nordküste ebenso wie die Küsten der Nordinsel eine starke Zerklüftung auf. Beiden Inseln gemeinsam ist der Grundzug des mächtigen Faltengebirges, das im Südwesten der Südinsel ansetzt und sich über den Nordosten der Südinsel im Ostteil der Nordinsel fortsetzt. Auch der geologische Aufbau beider Inselteile stimmt in den großen Grundlinien überein.

Granite und Gneis, wie auch Silur, kommen nur an wenigen Stellen an die Oberfläche. Im allgemeinen lehnen sich an das paläo-

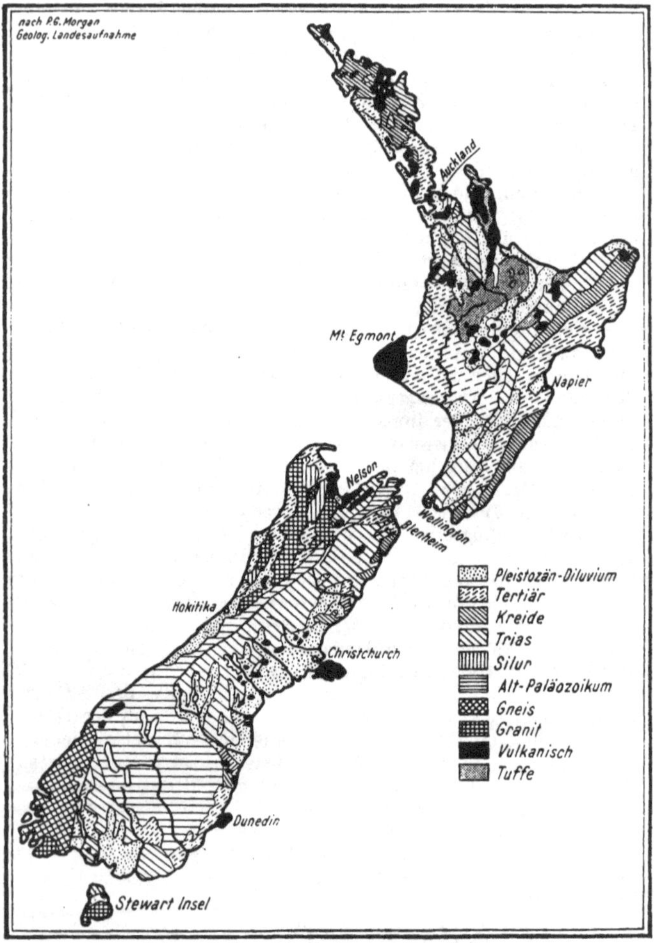

Skizze 38: Neuseeland: Geologischer Aufbau

zoische Grundgerüst des Faltengebirges vorwiegend Trias- und Tertiärgesteine an. Täler und Niederungen füllen vielfach diluviale Aufschüttungen. Wesentliche Unterschiede zwischen den beiden Inseln bestehen in dem vulkanischen Geschehen. Während der Vulkanismus auf der Südinsel erloschen ist und dort nur geringe vulkanische Gesteinsmassen an der Ost- und Nordküste hinterlassen hat, sind weite Flächen, vor allem des Mittelraums und der Fußspitze der Nordinsel, von Tuffen und jungvulkanischen Gesteinen bedeckt. Rege vulkanische Tätigkeit herrscht dort heute noch im Gebiet von Waikato. Das vulkanische Geschehen in Verbindung mit umfangreichen Senkungen auf der Nordinsel sind auch die Ursachen der wesentlichen Unterschiede in der Oberflächengestalt beider Inseln.

Das Landschaftsbild der Südinsel wird beherrscht von der großartigen Gestalt des Faltengebirges der Neuseeländischen Alpen. Ihre Berge ragen im mittleren Teil der Insel weit über die Grenzen des ewigen Schnees empor. Sie erreichen neben anderen Erhebungen über 3000 m, ihre größte Höhe im 3768 m hohen Mount Cook. Mächtige Gletscher, unter ihnen als bedeutendster der 29 km lange Tasmangletscher, entsenden ihre Eisströme tief hinab. Sie finden in den Steilhängen der Westküste ihren Abschluß erst in 215 m Meereshöhe. Die in der Eiszeit wesentlich stärkere Vergletscherung kommt in glazialen Trogtälern und gewaltigen Moränenablagerungen zum Ausdruck. Fast noch großartiger als die Fjorde Norwegens wirken die im Südwesten der Südinsel weit in das Land hineingreifende Fjorde. Ihre Ostausläufer sind stellenweise nur 13–20 km von den Hochseen unter den östlichen Steilwänden des Gebirges entfernt. Vor dem steilen Westabfall des Gebirges bleibt nur im mittleren Raum ein schmaler Küstensaum, das sogenannte Westland mit im allgemeinen kurzläufigen, starkes Gefälle aufweisenden Flüssen. Dahingegen breitet sich zu Füßen der ebenfalls steilen Osthänge ein welliges Hügelland aus mit den Landschaften Otago im Süden und Canterbury im Osten. Die meist in Hochlandseen entspringenden Flüsse sind ebenfalls wasserreich. Aber auch sie sind infolge ihres starken Gefälles für den Binnenverkehr bedeutungslos.

Im Norden der Südinsel entstehen durch die Aufspaltung des Gebirgszuges in mehrere Ketten die fast abgeschlossene Küstenlandschaft Nelson am Rand der weitläufigen Golden- und Tasman-Bai, sowie die in der zerklüfteten Nordküste der tief eingeschnittenen Sounds endende Landschaft Marlborough.

Die Ostküste der von den Polynesiern Te Ikara Maui genannten

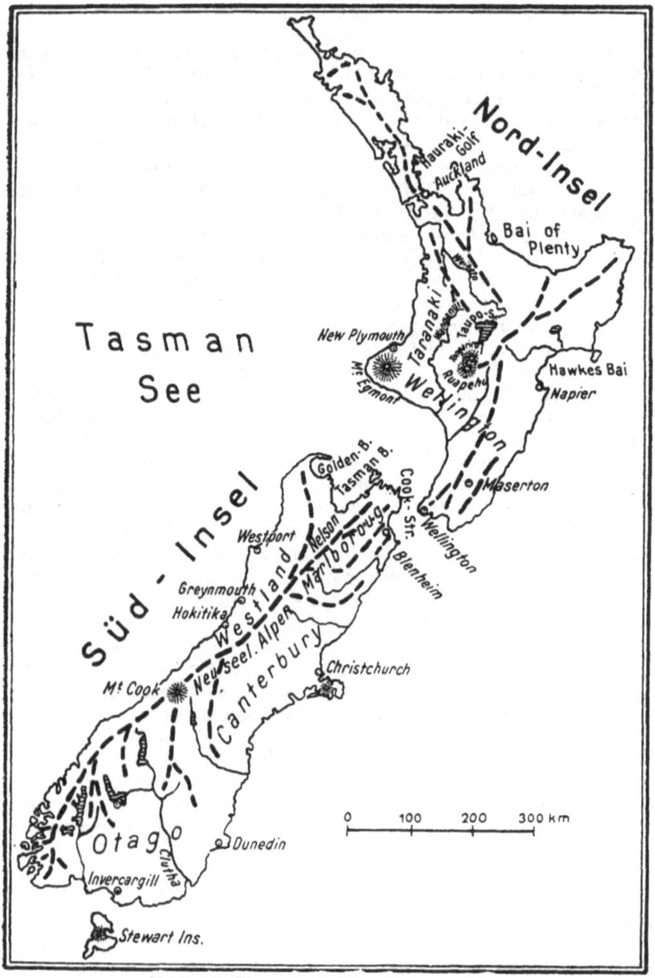

Skizze 39: Neuseeland: Oberflächengestalt

Nordinsel begleiten die bis zu 1600 m Höhe erreichenden Ausläufer des großen neuseeländischen Faltengebirges. Sie bilden zugleich die Wasserscheide zwischen dem Gebiet der Hawkes-Bai und dem nordwestlichen Inselteil. Westlich anschließend liegt das große Einbruchsgebiet der Taupozone als Hauptherd der vulkanischen Tätigkeit. Erloschene und noch tätige Feuerberge, Schlammvulkane, Solfataren und heiße Springquellen, mit heißem Wasser gefüllte Sinterterrassen, wie auch Dampfquellen, übertreffen in der Fülle und Großartigkeit ihrer Erscheinungen das weltbekannte Gebiet des Yellowstone-Parks in den USA. Die berühmten Sinterterrassen von Rotomahana wurden allerdings bereits 1886 durch einen Ausbruch des Tarawera zerstört. Am Nordrande des Gebietes liegt der tiefblaue, an Größe den Bodensee übertreffende Taupo-See, teilweise eingerahmt von weißen Bimssteinklippen, deren Spalten heiße Dämpfe und Quellen ausstoßen. Seinen Abfluß bildet der nach Nordwesten strömende Waikato. Er ist mit 775 km Länge der größte Fluß der Nordinsel. Über dem Südwestrand des eindrucksvollen Vulkangebiets erheben sich der noch tätige Tongariro und der bereits erloschene und teilweise vergletscherte, 2800 m hohe Ruapehu als höchster Berg der Nordinsel. Zwischen dem Ruapehu und dem überaus regelmäßigen Vulkankegel des erloschenen, 2502 m hohen Mount Egmont erstreckt sich die von dem Wanganui von Norden nach Süden durchströmte Landschaft Taranaki.

Nach Norden setzt sich das zentrale Vulkangebiet mit vielen erloschenen Kraterbergen und erstarrten Lavaströmen in der Landschaft Auckland fort. Ihre stark zergliederten Küsten enden im Kap Maria und Kap North.

Das Klima Neuseelands ist entsprechend der Lage seiner beiden Inseln, zwischen dem 35. und 47. Grad südlicher Breite, gemäßigt. Die Einflüsse der Südlage werden durch das Meer gemildert. Die vorherrschenden Südwestwinde (siehe Skizze 31) führen zur Verdichtung der Niederschläge an der Südwestküste der Südinsel, während ihre Ostküste im Wind- und Regenschatten der Neuseeländischen Alpen liegt. Dahingegen sind auf der den Passaten ausgesetzten Nordinsel die Niederschläge infolge der Stetigkeit der Winde räumlich wie jahreszeitlich gleichmäßig verteilt.

Auch die Temperaturen der Küstenebenen sind im Verhältnis zur Annäherung der Inseln an die Antarktis stark gemildert. Doch liegt im Gebirge die unterste Grenze des ewigen Schnees im Westen bereits bei 1800 m und im Osten bei 2400 m Höhe.

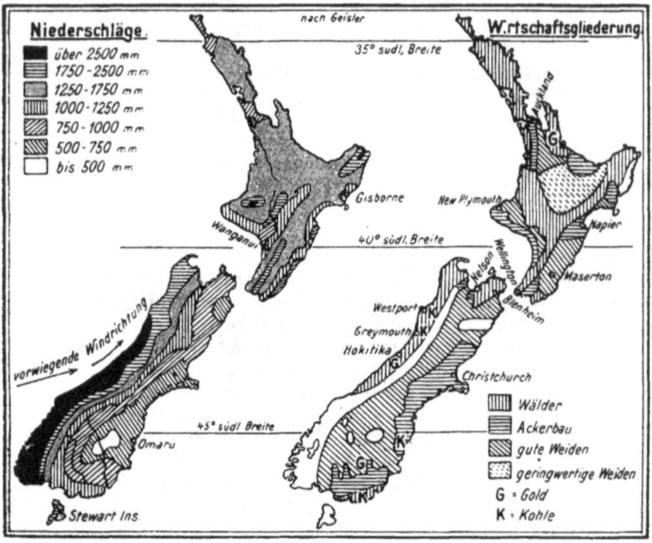

Skizze 40: Neuseeland: Niederschläge und Wirtschaftsgliederung

	Durchschnittstemperaturen			Jährliche Niederschläge
	Januar	Juli	Jahr	
Auckland	19,0° C	11,0° C	15,0° C	111 mm
Wellington	17,0° C	9,0° C	13,0° C	1219 mm
Hokitika	16,0° C	7,5° C	11,7° C	2927 mm
Dunedin	14,0° C	5,0° C	10,0° C	878 mm

Die Flora Neuseelands ist stark eigenständig. Sie zeigt in der Nordinsel Verbindungen zur tropisch-malaiischen, auf der Südinsel zur antarktisch-südamerikanischen Flora. Eukalypten und Kasuarinen fehlen gänzlich. Jedoch weisen die Nordinseln wie auch der nördliche Teil der Südinsel noch Palmen und Pandanus auf, während die wertvolles Nutzholz und Harze liefernde Kaurifichte infolge des Raubbaues nur noch auf der Nordinsel zu finden ist. Dichte Wälder immergrüner Bäume mit zahlreichen Farnen und Schlinggewächsen, Moosen und Flechten decken noch weite Räume der Nordinsel wie auch vorwiegend der regenreichen West- und Südostküste der Südinsel. Buchen und verschiedene Arten von Nadelbäumen, vermischt mit Farnen und dichtem Unterholz, umschließen dort als unwegsamer Waldgürtel die Berge. Charakterpflanzen Neuseelands sind unter anderen der „Cabbage Tree", dessen Zweige in Büschen aus schmalen langen Blättern auslaufen, und die als neuseeländischer Flachs bezeichnete Lilienart. Die Leeseite der Südinsel zeichnet sich durch Heide- und Buschlandschaften mit Farnkräutern, dem in 50 cm hohen Büschen stehenden Tussockgras und Stachelgräsern aus. Die heute angebauten Nutzpflanzen Weizen und andere Getreidearten sowie Gemüse gedeihen gut. Doch dienen die Erträge hauptsächlich der Eigenernährung. Die für die Viehzucht notwendigen Weideflächen sind meist künstlich verbessert.

Überaus armselig ist die eigenständige Tierwelt. Einheimische Säugetiere sind, bis auf Fledermäuse, nicht vorhanden. Sogar Ratten und Hunde wurden von den Polynesiern eingeführt. Von den insgesamt 133 Landvögeln sind 73 eigenständig, unter ihnen der seltsame Eulenpapagei, der flügellose Kiwi und eine Regenpfeiferart mit seitlich gebogenem Schnabel. Der einst einheimische, straußenähnliche Riesenvogel Neuseelands, der Moa, ist anscheinend erst kurze Zeit vor dem Auftreten der Weißen ausgestorben. Reich an Arten ist entsprechend der Südlage der Inseln die Welt der Seevögel. Schlangen und Schildkröten sind nicht vorhanden. Die Brückenechse stellt einen Übergang zwischen Krokodil und Echse dar. Fischreich ist dahingegen das Meer. Doch sind die früher in großen Schwärmen auftretenden Wale schon seltener geworden. Das eingeführte Nutzvieh: Hühner, Schweine, Schafe, Rinder und Pferde sind gut eingeschlagen, so daß die Erträge der Viehwirtschaft den Ackerbau weit übertreffen.

An Bodenschätzen sind Gold und Kohle von Bedeutung. Den Erträgen der Goldfelder von Otago und Auckland verdankt Neuseeland in erster Linie seinen wirtschaftlichen Aufschwung. Die Kohle und die Ausnutzung der infolge des starken Gefälles und ausreichender Wassermassen beachtlichen Wasserkräfte kommen in zunehmendem Umfang der die landwirtschaftlichen Erzeugnisse verarbeitenden Industrie zugute. Gestützt auf eine große Zahl guter Häfen, ein verhältnismäßig gut entwickeltes Eisenbahnnetz von 5950 km, sowie teilweise in Hinblick auf den Touristenverkehr gut ausgebaute Straßen sind Handel und Verkehr in steter Entwicklung. Die Ausfuhr an Gold, neuseeländischem Flachs und Produkten der Viehzucht übersteigt die Einfuhr vor allem an Eisen, Stahl, Maschinen, Fahrzeugen, Textilien, Metallwaren und Öl. Die Hauptabnehmer sind Großbritannien und Frankreich, während in der Reihe der Lieferanten die USA neben Großbritannien an zweiter Stelle stehen.

Als Urbewohner Neuseelands werden im allgemeinen die polynesischen Maori angesprochen, die in der Zeit zwischen dem 10. und 14. Jahrhundert in mehreren Wellen von Rarotonga (Cook-Inseln) kamen. Die anthropologischen Untersuchungen deuten jedoch an, daß in früherer Zeit eine teilweise Vermischung der Maori mit einer anderen Rasse stattgefunden hat. So wird verschiedentlich angenommen, daß die Maori bei ihrer ersten Landung an der Bai of Plenty auf der Nordinsel, unter ihrem Häuptling Ngahue bereits polynesische Früheinwanderer, die Moriore, vorfanden, die, soweit sie nicht im Kampfe vernichtet wurden, vollständig in der polynesischen Kultur der Maori aufgingen. Die Maori Neuseelands gehören, mit den Eingeborenen auf Samoa und Tahiti, zu den kulturell am höchsten entwickelten Stämmen der Polynesier. Ihre gesellschaftliche Gliederung hatte zum Zusammenschluß von Dorf- und Stammesgemeinschaften geführt. Das Land und die Nahrungsmittel waren Eigentum des Stammes, der einem Häuptling oder einem Priester unterstand. Der Hausbau war hoch entwickelt. Künstlerische Gestaltungskraft kam besonders in dem prächtigen Schnitzwerk der Häuserfronten, der Boote wie auch der Waffen und vieler Gegenstände des täglichen Bedarfs zum Ausdruck. Die Kunst des Tatauierens hatte eine gewisse Vollendung erreicht. Aus dem einheimischen Flachs wurden kräftig gemusterte, mit Federn und Muscheln verzierte Mattenumhänge gefertigt. Alle diese Arbeiten sind um so höher zu bewerten, als sie mit den primitivsten Hilfsmitteln geschaffen wurden.

Die Weite des von den Maori entdeckten und im Laufe der Jahrhunderte besiedelten Raumes auf Neuseeland setzte ihrem angeborenen Wandertrieb eine gewisse Grenze. Einmal auf Neuseeland seßhaft geworden, scheinen die Maori ihre Seefahrten nur noch auf den engeren Umkreis von Neuseeland ausgedehnt zu haben. Tasman und Cook haben allerdings noch bei ihrer Landung auf Neuseeland die großen mit Segeln und Hütten ausgestatteten Doppelboote, wie sie von den Polynesiern auf den großen Wanderzügen benutzt wurden, gesehen. Ebenso berichtete Cook von 20 m langen, mit 100 Ruderern besetzten Kriegskanus. Doch in der Zwischenzeit, von dem ersten Eintreffen Cooks bis zur Erklärung Neuseelands als britische Kolonie, im Jahre 1840, haben europäische Siedler auf Neuseeland nur noch einen größeren Kriegszug der Maori zu der nur 800 km entfernten Insel Warekauri (Chatham Inseln) erlebt.

Die sehr kriegerischen Maori, die ihre Kriegsgefangenen meist verzehrten, haben nach anfänglichem Entgegenkommen sich jahrzehntelang gegen das Eindringen der Weißen und deren Landnahme gewehrt, sobald sie die Gefährdung ihrer Freiheit erkannten. Erst 1870 konnte nach verschiedenen gefährlichen Aufständen der endgültige Frieden zwischen den Maori und den Briten geschlossen werden. Danach wurde den Maori das 4050 qkm große Königsland, nordwestlich vom Taupo-See als Reservat überlassen und ihnen die bereits 3 Jahre früher zugestandene Vertretung im Neuseeländischen Parlament bestätigt. Die heute im Reservat verhältnismäßig ungestört lebenden Maori sind inzwischen völlig zum Christentum bekehrt. Wie auch auf den Viti-Inseln haben in dem 1907 zum Britischen Dominium erklärten Neuseeland die Maori beachtlichen Anteil an der Entwicklung des Landes und nehmen als Kaufleute, Lehrer, Ärzte und Beamte bedeutende Stellungen ein. So ist zum Beispiel der als Arzt und Forscher anerkannte Verfasser des Buches: ,,Vikings of the Sunrise“ mütterlicherseits ein Maori. Geschlossene Maori-Siedlungen gibt es allerdings nur noch auf der Nordinsel. Aber über beide Inseln verbreitet, leben einzelne Maori und Maorimischlinge als anerkannte Mitglieder des Commonwealth of Newzealand. Während 1780 die Zahl der Maori auf 90000–120000 geschätzt wurde, werden heute von den insgesamt 1,9 Millionen Einwohnern Neuseelands etwa 109000 als Maori oder

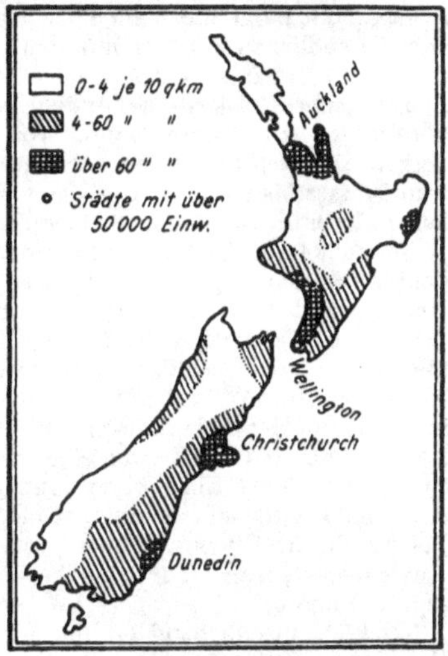

Skizze 41: Neuseeland: Bevölkerungsdichte

Maoriabkömmlinge bezeichnet. Die Besiedlungsdichte ist entsprechend der mannigfaltigen Wechsel aufweisenden Oberflächengestalt in den einzelnen Inselteilen sehr verschieden. Sie hängt naturgemäß mit den Möglichkeiten der wirtschaftlichen Entwicklung zusammen.

Auf der Südinsel umfaßt die Landschaft Otago das Gebiet der südwestlichen Fjorde, das in mächtige Blöcke aufgespaltene Bruchschollenland mit dem über 3000 m hohen Mount Aspiring und die südlichen Ebenen mit den beiden Küstenstädten Invercargill und Dunedin. Auf einem Küstenabschnitt von etwa 200 km Länge greifen 13 Fjorde tief in das Gebirge ein. Unter ihnen ist der nördlichste, der Milfordsund, von besonders landschaftlicher Schönheit durch die steilen Felsenwände seiner Ufer, die sich aus dem Wasser bis zu den mit ewigem Schnee bedeckten Gipfeln erheben. Über die Steilabfälle hängender Hochtäler brausen mächtige Wasserfälle in die Tiefe. Nicht minder reizvoll ist das Otago-Hochland mit seinen langgestreckten Seen inmitten einer ausgeprägten Hochgebirgslandschaft. Dort ist am bewaldeten Ufer des 295 qkm großen Sees Wakatipu der kleine Ort Queenstown ein von Ausflüglern vielbesuchter Platz. Das Unterland gestattet zu Füßen der Berge auf guten Weiden Milchwirtschaft und Schafzucht, während im Küstengebiet Ackerbau und Obstzucht gute Erträge erzielen. Ausgedehnte Wälder breiten sich zwischen dem Südhafen Invercargill mit 30900 Einwohnern und Dunedin an der Südostküste mit 91200 Einwohnern aus. Goldfunde im Hochland und im Tal des Clutha-River, vor allem aber auch Kohle im südöstlichen Küstengebiet, tragen zur wirtschaftlichen Entwicklung der Landschaft Otago bei.

Nördlich anschließend breitet sich zu Füßen der Osthänge der Neuseeländischen Alpen das Weiden- und Ackerland von Canterbury aus. Christchurch, mit dem Hafen Littleton auf der Bankshalbinsel, ist mit 171500 Einwohnern die Hauptstadt des fruchtbaren Landstreifens. Auf seinen Weiden werden 15,6% des Schafbestandes und 4% des Rinderbstandes von Neuseeland gehalten. Die Äcker der Küstenebene liefern 80% der Gesamtweizenernte Neuseelands. Die verhältnismäßig dicht besiedelte Canterbury-Ebene ist das Land der Farmer, deren Holzhäuser mit den typischen Veranden meist von hohen Hecken umschlossen sind. Eine kleine Zahl winziger Marktflecken liegt weit verstreut über dem weitläufigen Flachland. Im Hochland überragt das riesige Eis- und Gletschergebiet des Mount Cook einsame Bergseen in langgestreckten Tälern. Gewaltige Schuttmassen, mit riesigen Geröllblöcken, decken die Talböden. Dichte Wälder und grüne Matten legen einen bunten Kranz um die schroffen Felsenwände. Christchurch mit Littleton ist als Ausfuhrplatz für Wolle, Gefrierfleisch, Butter, Käse, Talg und Häute die bedeutendste Stadt des Südlandes. Sie ist zugleich der Ausgangspunkt der die Neuseeländischen Alpen durchquerenden Bahn zum Westland, der schmalen Küstenebene zu Füßen des Gebirges.

Das Westland ist mit seinen Regenwäldern infolge seiner großen Feuchtigkeit weder für den großzügigen Ackerbau noch für die Viehzucht geeignet. Lediglich die verhältnismäßig ertragreichen Kohlevorkommen bei den kleinen Hafenstädten Westport und Greymouth sind die Ursachen einer etwas dichteren Besiedlung des nördlichen Teiles dieser Landschaft. Geringfügige Goldvorkommen, vor allem aber die Verwertung der reichen Holzbestände in verschiedenen Sägewerken verdankt die kleine Hafenstadt Hokitika, inmitten der Westküste, ihr Entstehen. Durch eine Stichbahn mit der Bahnlinie Christchurch–Greymouth–Nelson verbunden, ist Hokitika im zunehmenden Umfang der Ausgangspunkt zum Besuch der durch seine Schönheit berühmten Gebirgslandschaft am Franz-Joseph-Gletscher.

Im Bereich der Landschaft Nelson erreichen die nordwestlichen Ausläufer der Neuseeländischen Alpen nur noch 1800 m Höhe, während die nordöstlichen Ketten noch einmal zu 2500 und 2880 m ansteigen. In der Senke zwischen den Gebirgszügen mit den weitgespannten Einbuchtungen der Golden-Bai und der Tasman-Bai werden Obstanbau, Milchwirtschaft und Schafzucht betrieben. Die fruchtbare, nur 28 km lange Waimeaebene gestattet auch den Ackerbau. Am Nordostrand der Tasman-Bai liegt die kleine Hafenstadt Nelson mit 19000 Einwohnern. Sie wird wegen ihres günstigen Klimas und steten Sonnenscheins viel von den Bewohnern der Nordinsel besucht. In nur 7 Stunden Dampferfahrt von Wellington auf der Nordinsel zu erreichen, ist Nelson auch der Ausgangsplatz für die das westliche Bergland besuchenden Touristen.

Den Nordostteil der Südinsel bildet die Landschaft Marlborough mit der Hauptstadt Blenheim (5000 Einwohner) in abgeschlossener Lage inmitten des kleinen Ackerbaugebietes der Wairauebene. Sie ist durch eine kurze Bahn mit dem Hafen Picton im landschaftlich schönen Queen-Charlotte-Sound, dem östlichsten der tief eingeschnittenen Nordfjorde verbunden. Diese sehr fischreichen Fjorde bieten gute Ankerplätze in der oft von Stürmen heimgesuchten Cook-Straße. Der Binnenverkehr von Blenheim aus wird durch die vielen, die Landschaft in tiefe Längstäler zerlegenden Gebirgszüge außerordentlich erschwert, so daß der Verkehr zwischen Blenheim und Marlborough, mit Ausnahme einer durch landschaftliche Reize ausgezeichneten, aber schwierigen Küstenstraße auf die zwölfstündige Seereise angewiesen ist.

Die Nordinsel ist infolge ihrer aufgeschlossenen Küstenlinien, mit über einer Million Einwohnern, wesentlich dichter besiedelt als die Südinsel, deren Einwohnerzahl, einschließlich der Stewart- und Chatham-Inseln etwa 0,6 Millionen beträgt. Die Südküste der Nordinsel, zwischen dem schneegekrönten Mount Egmont und dem östlichen Küstengebirge, nimmt die Landschaft Wellington mit der gleichnamigen Hauptstadt an der weiten Bucht Port Nichelson ein. Landeinwärts wird dieser Landstrich durch einen Kranz dichter Wälder abgeschlossen, die das Vulkangebiet der Taupozone im weiten Halbkreis umspannen. Ackerland, mit gutem Weizenboden, dahinter ertragreiche Weideflächen, säumen die Südküste der Nordinsel. In diesem der Besiedlung günstigen Raum ließen sich die ersten Kolonisten nieder. Gestützt auf die gute Entwicklung der Landwirtschaft und günstige Lage des Hafens wuchs Wellington mit 193000 Einwohnern zur Hauptstadt Neuseelands heran. Die weitläufig gebaute Stadt erscheint zwar, von den umliegenden Höhen gesehen, raummäßig als Großstadt, doch geben die Straßenzüge mit nur niedrigen Backsteinhäusern und vor allem auch vielen Holzhäusern der Stadt ein ausgesprochenes Kolonialgepräge. Ganz aus Holz gebaut ist auch das riesige, durch seine Architektur ausgezeichnete Regierungsgebäude. Von Wellington führen zwei Eisenbahnlinien landeinwärts. Die östliche Eisenbahn strebt der Hawkes-Bai zu, während die westliche Bahn Wellington mit Auckland verbindet und durch einen Zweigstrang die fruchtbare Landschaft Taranaki erschließt.

Die Ostbahn überschreitet die westliche Hauptbergkette und erreicht über Masterton, einer kleinen Mittelstadt mit 8000 Einwohnern, inmitten des Ackerbau- und Viehzuchtgebietes der Wairarapa-Ebene die Hafenstadt Napier am Südrand der Hawkes-Bai. Die Ostküste selbst, wie auch das Küstengebiet der Bucht, begleiten im Wechsel Weiden und Ackerland. Sie werden im Nordwesten durch ein dichtes, kaum erschlossenes Waldgebiet von der Taupozone getrennt. Napier mit fast 23600 Einwohnern ist ein nicht unbedeutender Ausfuhrhafen für Wolle und Gefrierfleisch in fast abgeschlossener Lage.

Wesentlich günstiger liegen die Verhältnisse in der vom Wanganui durchströmten und in ihren Randgebieten durch je eine Eisenbahnlinie erschlossenen Landschaft Taranaki. Die Erzeugnisse des Ackerbaus in den Küstengebieten, der Viehzucht an den Ufern des Wanganui und der Forsten im Osten der Landschaft sind leicht zu verfrachten. So hat sich im Süden Palmerston North mit 32100 Einwohnern als Eisenbahnknotenpunkt zu einer blühenden Stadt entwickelt, während an der Küste, zu Füßen des Mount Egmont, New Plymouth, mit 28800 Einwohnern, als Ausfuhrhafen der landwirtschaftlichen Erzeugnisse Bedeutung gewann. Der auf weite Strecken bis zu 150 m tief eingeschnittene Wanganui wird wegen der Schönheit seiner Umgebung, insbesondere auch seiner Nebentäler, als der „Rhein von Neuseeland" bezeichnet.

Das von prächtigen Wäldern umschlossene Gebiet der Taupozone, mit der Vielfalt seiner vulkanischen Erscheinungen, bietet im allgemeinen nur dürftige Weiden und ist daher nur im Reservatgebiet der Maori am Taupo-See dichter besiedelt. Das von Erdbeben und vulkanischen Ausbrüchen bedrohte Gebiet wird jedoch wegen seiner landschaftlichen Eigenart viel von Touristen besucht und ist daher durch die Anlage von Straßen zugänglich gemacht worden. Inmitten dieser Wunderwelt vulkanischer Gewalten ist bei den heißen Quellen von Rotorua ein kleiner Kurort mit neuzeitlich eingerichteten Badehäusern entstanden, den ständig 5000 Menschen bewohnen. In seiner Nähe liegen auch die heute noch tätigen Geiser Neuseelands. In der benachbarten Maoristadt Ohinemutu zeigt das mit reicher Holzschnitzerei verzierte Versammlungshaus noch Bruchstücke echter, alter Maorikunst.

Die auf weite Strecken von Wäldern bedeckte Landschaft Auckland umfaßt den langgestreckten Raum des Nordteiles der Nordinsel mit seiner starkgegliederten Küste. Die noch viele Spuren erloschener vulkanischer Tätigkeit aufweisende Halbinsel besitzt in ihren Wäldern noch beachtliche Bestände der prächtigen Kaurifichten. Sie bietet in ihrem Südwestteil sowie an den Ufern der Bai of Plenty, dem ersten Landungsplatz der Maori, Raum für Ackerbau und Viehzucht. Neben den landwirtschaftlichen Produkten, zu denen auch der australische Flachs gehört, sind Gold- und Braunkohlengruben, besonders aber der Kaurigummi, das fossile Harz der Kaurifichte, die Haupterzeugnisse der Landschaft. Ihre Hauptstadt ist an der schmalsten Stelle der nördlichen Halbinsel die malerisch in der Tiefe des Golfes von Hauraki gelegene Hafenstadt Auckland. Sie ist mit 308500 Einwohnern zugleich die größte Stadt Neuseelands. Die von erloschenen Vulkanen überragte Stadt ist der erste Anlegeplätz der von den USA kommenden Dampfer. Fleischgefrieranlagen, Wollgarnspinnereien, Holzverwertungsfabriken beschäftigen in der betriebsamen Stadt an

28000 Arbeiter. Das sind fast 33% der gesamten Industriearbeiter Neuseelands, während auf Wellington nur 21% entfallen. Die verhältnismäßig bedeutenden Einwohnerzahlen der beiden großen Städte der Nordinsel kennzeichnen die starke Verstädterung der Neuseeländer, von denen fast 57% in Stadtgemeinden und allein 38,5% in den vier größten Städten wohnen.

Von den unmittelbar zu Neuseeland gehörenden Inseln sind nur die Stewart- und Chatham-Inseln von gewisser Bedeutung.

Die 1714 qkm großen Stewart-Inseln mit ihren von Viehzucht und Ackerbau lebenden 700 Einwohnern bestehen aus der stark zerklüfteten Hauptinsel mit einem guten Naturhafen an ihrer Ostküste und einer Anzahl kleinerer Felseninseln. Die in der Nähe liegenden Snares-Inseln sind wegen ihrer Guanolager von Wert. Sie sind unbewohnt, wie auch die südostwärts gelegenen Auckland-, Campbell- und Bounty-Inseln. Im Südwesten gehören noch die weiter abgesetzten Macquarie-Inseln (348 qkm) zu Neuseeland. Ihre bis zu 400 m hohen Felsenberge weisen nach Klima und Vegetation das Gepräge subarktischer Landschaft auf. Sie werden, wie auch die anderen vorgenannten Inseln, nur gelegentlich von Walfängern und Robbenschlägern besucht. Ihre Felsenklippen tragen die Brutstätten vieler Seevögel, darunter der Albatrosse und Pinguine.

Die auf dem unterseeischen Sockel Neuseelands am weitesten nach Osten vorgeschobenen Chatham-Inseln (163 qkm), das alte Warekauri der Maori, weisen etwa 580 Einwohner auf. Die von Wäldern, Heide und Torfmooren bedeckten Inseln gestatten bei einer günstigen Jahresdurchschnittstemperatur von + 10,6° C und 750 mm Jahresniederschlägen neben der Viehzucht auch noch den Anbau von Mais, Hafer, Kartoffeln und Gemüse. Die Häfen der Inseln, deren Urbewohner, die Moriore, 1830 ausgestorben sind, werden von Walfängern und Fischern viel besucht.

Die unter neuseeländischer Verwaltung stehenden Außenbesitzungen sind aus dem Anhang II ersichtlich.

Nach seiner Verfassung vom Dezember 1907 ist Neuseeland ein selbständiges Dominium mit einem eigenen, dem Parlament verantwortlichen Ministerpräsidenten. Die Mitglieder des Oberhauses werden auf 7 Jahre von dem britischen Generalgouverneur ernannt, während die 80 Unterhausmitglieder von der in 76 Wahlkreisen erfaßten Bevölkerung gewählt werden. Den im Reservat lebenden Maori sind 4 Sitze zugestanden. Die Neuseeländer fühlen sich enger als die Australier mit dem britischen Mutterlande verbunden und haben daher auch den Eintritt in das australische

Commonwealth abgelehnt, wie sie auch von ihrem Recht auf eigene diplomatische Vertretung erst 1941 Gebrauch machten. Im Neuseeländer kommen, vielleicht klimatisch bedingt, der britische Typ und britische Eigenart noch wesentlich stärker zum Ausdruck als im Australier. Jedoch wird in Neuseeland, fast noch in stärkerem Maße als in Australien, eine weitgehende Sozialpolitik betrieben. Sogar der Ärzteberuf wurde sozialisiert. Die Altersversorgung ist ganz allgemein mit dem Erreichen des 60. Lebensjahres gewährleistet.

Wirtschaftlich steht in Neuseeland immer noch die Wollerzeugung an erster Stelle. Die hohen Ausfuhrerlöse, vorwiegend landwirtschaftlicher Erzeugnisse, darunter nur gelegentlich auch Weizen sowie geringere Goldmengen, tragen zur gesteigerten Lebenshaltung der Arbeiterschaft bei. Von der Gesamtbevölkerung sind 27% in der Landwirtschaft und im Bergbau und etwa 25% im Handwerk und in der Industrie beschäftigt.

Der landwirtschaftliche Nutzraum, der mit 43 Millionen Acres angegeben wird, ist jedoch erst zu zwei Fünftel der Fläche ausgenutzt. So ist Neuseeland nicht immer in der Lage, seinen Getreidebedarf selbst zu decken. Die Forstwirtschaft, deren Nutzfläche etwa 12% der Insel einnimmt, steht erst in den Anfängen ihrer Entwicklung. Die Industrie ist mit insgesamt 6000 Betrieben vorwiegend auf den Export landwirtschaftlicher Erzeugnisse eingestellt, während die Mehrzahl der Kleinbetriebe auf den Binnenmarkt ausgerichtet ist, ohne jedoch den Bedarf voll decken zu können. Der Außenhandel ist im Verhältnis zur Kopfzahl der Bevölkerung hoch entwickelt. Die Ausfuhr geht zu 80% nach Großbritannien, das auch mit 49,6% der neuseeländischen Einfuhr an erster Stelle steht. So ist Neuseelands Wirtschaft stark mit dem britischen Mutterland verbunden. Sie ist immerhin noch erheblich steigerungsfähig, vor allem auf dem Gebiet der Landwirtschaft. Da die klimatischen Verhältnisse Neuseelands der körperlichen Arbeit Weißer nicht derartige Grenzen setzen wie in Nordaustralien, so könnte die Einwanderung Weißer nach Neuseeland noch wesentlich gesteigert werden.

Die Äußere Inselkette

Die Inseln der Äußeren Inselkette umspannen in mehreren gleichlaufenden tektonischen Leitlinien (siehe Skizze 8) den alten Außenrand des australischen Kontinents. Zu ihnen gehören die Inseln Mikronesiens, der größte Teil Polynesiens wie auch der Inseln im Übergangsgebiet zwischen Melanesien und Polynesien.

Mikronesien

Mikronesien, der Begriff „Kleininselland“, kennzeichnet die Struktur dieses Gebietes, das mit rund 1000 Inseln insgesamt 3506 qkm Inselflächen und 50000 Einwohnern einen Meeresraum fast der Größe Australiens einnimmt (siehe Skizze 10). Wenn auch die nordwestlichen Inselgruppen dieses Raumes geographisch wie ethnographisch zu Asien gehören, so kann man sie dennoch wegen ihrer Gestalt und der offensichtlich kulturellen Zusammenhänge mit der Bevölkerung der übrigen Inselgruppen in den Begriff des „Kleininsellandes“ einbeziehen. Gemeinsam ist allen Inseln Mikronesiens ihre Lage im tropischen Gebiet nördlich des Äquators und auch ihr geologischer Aufbau vorwiegend als niedrige Koralleninseln und nur in geringem Umfang als vulkanische Inseln. Auch die klimatischen Bedingungen sind in dem großen Raum fast einheitlich. Die Inseln liegen im Januar (Winter) unter den Einflüssen der Nordpassate, zum Teil auch der Nordostmonsume und im Juli (Sommer) vorwiegend in der Zone der Kalmen (siehe die Seiten 85 bis 87). Schließlich besteht auch eine grundsätzliche Übereinstimmung in der Pflanzen- und Tierwelt (siehe Seiten 87 – 88).

Die Koralleninseln bieten fast durchweg ein gleichförmiges Landschaftsbild. Die Entstehung einer Koralleninsel hat im allgemeinen das Absinken einer von Korallen umschlossenen Insel zur Voraussetzung. Die Strandkorallen sind mit dem langsamen Versinken des Inselkernes weitergewachsen, bis sie schließlich den Zusammenhang mit der untergehenden Insel verloren. Den Zwischenraum zwischen den Überresten der versinkenden Insel und dem immer wieder bis zur Oberfläche weiterwachsenden Korallenriff füllte sodann das Meer als stille Lagune, während sich die Wogen des Ozeans brausend am Riff brechen. Bei gänzlichem Untergang der Insel bleibt schließlich allein das Riff als Atoll zurück. Seine Gestalt läßt den einstigen Umfang der versunkenen Insel erkennen. Durch das Meer wird vielfach Sand auf das Riff geworfen. So bilden sich dort allmählich einzelne niedrige Inseln mit Kokospalmenbeständen, deren Fruchtsamen einst das Meer an den jungen Strand trug. Aus dem sich wiederholenden Wechsel von Hebungen und Senkungen können die verschiedensten Formen der Koralleninseln entstehen.

Über die Herkunft und Entwicklung der Mikronesier wurde bereits auf Seite 93 berichtet. Danach kann von einer mikronesischen Rasse nicht gesprochen werden. Aus der Vermischung zurückgebliebener Polynesier mit Melanesiern und Indonesiern haben sich die verschiedensten Typen entwickelt. So schwankt die Hautfarbe der Mikronesier vom dunklen Braun in den westlichen bis zum hellen Braun in den östlichen Randgebieten. Im Westen überwiegen indonesische und melanesische Einflüsse, im Norden indonesische Einflüsse und im Osten schließlich polynesische. Kulturell

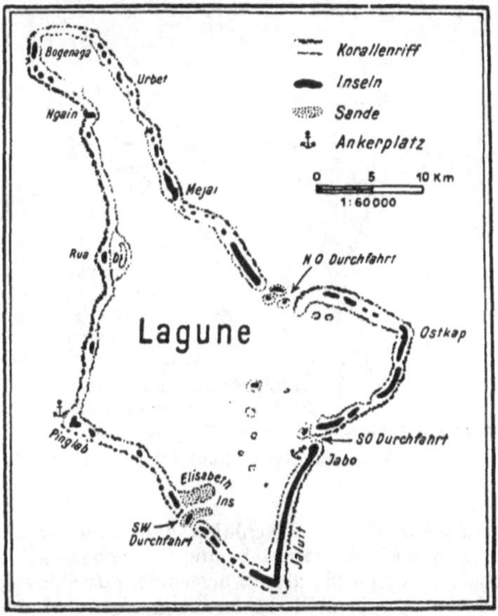

Skizze 42: Jaluit, Marshall-Inseln

gemeinsam sind allen Mikronesiern die wohl stark polynesisch beeinflußten Formen des Schiffbaus, die Mehrzahl der gebräuchlichen Schmuckgegenstände, die Verwendung des Muschelgeldes, gewisse Grundformen des Hausbaus und vor allem der Ornamentik des verschiedenartigsten Schnitzwerkes. Unterschiede bestehen in einzelnen Abweichungen des Hausbaus, vor allem in der nur im Westen und in den mittleren Inseln vorkommenden Verwendung des Webstuhles. Der altpolynesische Seefahrergeist ist auf den

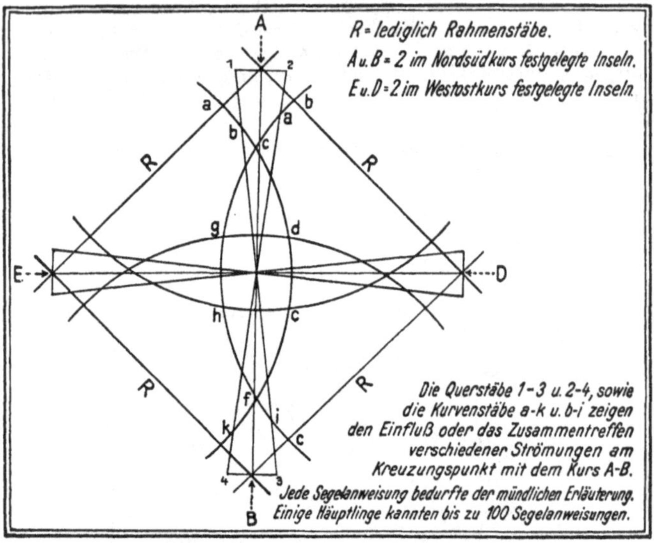

Skizze 43: Alte Segelanweisung auf den Marshall-Inseln

Palau-Inseln schon stark eingeschlafen, dahingegen in Mittel- und Ostmikronesien noch überaus lebendig. Besonders auf den Marshall-Inseln haben sich die alten Formen der aus Stäben gebundenen und durch mündliche Erläuterungen ergänzten Segelanweisungen noch länger erhalten als in Polynesien selbst.

Während auf den westlichen Inseln das Mutterrecht besteht, mit Ausnahme von dem ausgesprochenen Vaterrecht auf der Insel Jap, und das religiöse Leben die Ahnenverehrung in den Vordergrund stellt, herrschte auf den Marshall-Inseln das Mutterrecht mit Totemismus vor. Tatsächlich bestehen noch manche kleinere kulturelle Unterschiede zwischen den Bewohnern der verschiedenen Inselgruppen. In ihren Grundzügen kann jedoch die Kultur der Mikronesier als eine Einheit angesprochen werden.

Die Palau-Inseln, mit 478 qkm und 6200 Einwohnern, sind die westlichste Inselgruppe Mikronesiens. Die durch den 8138 m tiefen Palau-Graben im Osten begrenzte Inselgruppe aus 7 bewohnten und über 20 kleineren unbewohnten Inseln ist von einem Korallenriff umgürtet, das im Osten unmittelbar an die Inseln herantritt, im Westen jedoch 3 – 12 km entfernt bleibt. Vor der Westküste der größten Insel Babeltaob erstreckt sich ein zweites inneres Korallenriff in nordöstlicher Richtung. Das aus Syenitgesteinen bestehende und von vulkanischen Gesteinen überlagerte Grundgerüst der Insel deutet ihren einstigen Zusammenhang mit Asien an.

Das tropische Regenklima und der fruchtbare vulkanische Untergrund sind die Grundlagen eines kraftvollen Pflanzenwuchses. Kokospalmen erheben sich über dem Strand. Betelpalmen, Brotfruchtbäume, Bananen und Limonen bilden lichte Haine. Die bis zu 600 m hohen Berge umschließen von 50—100 m an Baumsavannen mit Pandanus und Bambus. Im allgemeinen neigen Flora und Fauna zur indonesischen Region. So kommen auf den Inseln neben Eidechsen und Schlangen auch indische Leistenkrokodile vor. Die starke indonesische und westmelanesische Einflüsse aufweisenden Einwohner zeichnen sich gegenüber den anderen Bewohnern Mikronesiens durch besondere Sorgfalt im Häuserbau aus. Die Giebel der auf niedrigen Pfahlrosten stehenden, mit Stroh gedeckten Häuser zeigen vielfach überaus farbenprächtige Verzierungen. Das einheimische Geld aus Glasperlen, Emaille und Porzellan läßt frühzeitige Handelsverbindungen mit den Chinesen erkennen. Für die heutige wirtschaftliche Entwicklung der Inselgruppe sind Phosphatlager auf der Insel Angaur von gewisser Bedeutung. Jedoch überstiegen die Ausgaben der japanischen Mandatsregierung für die Erschließung der bis 1945 von 1000 Japanern besiedelten Inseln bei weitem die Einnahmen.

Die im nördlichen Randgebiet von Mikronesien liegenden Marianen bestehen aus 15 in zwei Reihen angeordneten Inseln mit 1183 qkm und 50 000 Einwohnern. Unter ihnen waren allein 20 000 zugewanderte Japaner. Während die südlichen Inseln, bis auf Guam, vorwiegend Koralleninseln sind, tragen die nördlichen Hochinseln noch tätige Vulkane, darunter den 950 m hohen Assongsong und den 317 m hohen Urakas auf der nördlichsten Insel. Die vulkanischen Erscheinungen, die Anordnung der Inseln im flachen, nach Asien geöffneten Bogen sowie ihre östliche Begrenzung durch den 9336 m tiefen Guam-Graben, schließlich auch das Auftreten älterer Serpentingesteine lassen die Zusammenhänge dieser Inselgruppe mit Asien erkennen.

Das Klima der Inseln ist von Süden nach Norden zunehmend

ein gemäßigtes Seeklima mit reichlichen jahreszeitlichen Niederschlägen. Dementsprechend ist der Pflanzenwuchs reich entwickelt, weist jedoch auf den nördlichen Inseln mehr Baumsavannen als Urwälder auf.

Aber auch die Südinsel Tinian zeichnet sich durch Baumsavannen aus, die dort die Rinderzucht gestatten. Dahingegen weist die noch weiter südlich gelegene Insel Rota wieder dichten Baumwuchs auf. Kokospalmen, Pandanus, Papayabäume, Bananen und Brotfruchtbäume vereinigen sich dort zu Hainen.

Die Ureinwohner der Inseln, die Chamorros, wurden in der Zeit der spanischen Kolonisation fast ausgerottet. Verschiedene Ruinen umfangreicher alter Steinbauten auf Tinian deuten eine verhältnismäßig hohe Entwicklungsstufe der alten Chamorros an. Ihre Reste vermischten sich mit eingewanderten Philippinos und Karolinern. Die inzwischen repatriierten japanischen Einwanderer waren besonders auf den Zuckerplantagen tätig, während die Eingeborenen sich meist mit der Kopraerzeugung befaßten. Die Insel Saipan, mit der Niederlassung Garapan, war der Hauptsitz der ehemaligen deutschen Verwaltung und dann der japanischen Mandatsregierung. Dort leben allein drei Viertel der Inselbevölkerung.

Die am Südrande der Marianen liegende Insel Guam (544 qkm) ist als größte Insel der Inselgruppe Besitz der USA, die dort eine Kabel- und Flottenstation errichtet haben. Die etwa 50 km lange und an der schmalsten Stelle nur 12 km breite Insel ist im Norden wie in der Mitte gebirgig, im Süden flach. Von den insgesamt 60000 Einwohnern der Insel, darunter 5000 Weißen, leben allein 8000 in der Hauptstadt Agaña an der mittleren Westküste. Die Stadt wurde von den Nordamerikanern, in Verbindung mit der etwas weiter südlich gelegenen Flottenstation Apra, in großzügiger Weise ausgebaut und mit allen Bequemlichkeiten für den längeren Aufenthalt Weißer ausgestattet. Der kleine Ort Sumay auf der westlichen Halbinsel Orote beherbergt die Kabelstation. Dort treffen die von den USA über Honululu kommenden und nach China, den Philippinen und Java weiterlaufenden Kabel zusammen. Die etwa 600 Tonnen im Jahr betragende Kopraausfuhr ging in der Hauptsache nach Japan und war, gegenüber der militärischen Bedeutung der Insel, unwichtig. Die schweren amerikanisch-japanischen Kämpfe auf Guam, im Jahr 1944, werden das an sich friedliche Leben auf den Inseln wohl durch umfangreiche Zerstörungen erschüttert haben.

Die Karolinen, mit über 700 meist flachen Koralleninseln, nehmen, einschließlich der Insel Jap, Nauru und Banaba, einen

Flächenumfang von 1843 qkm mit 85000 Einwohnern ein. Sie beanspruchen aber durch ihre weit zerstreute Lage den weitesten Raum Mikronesiens. Man unterteilt daher die Karolinen in die West-, Mittel- und Ostgruppe. Zur Westgruppe gehören, außer der bis zu 250 m Höhe aufragenden Hochinsel Jap, die verhältnismäßig dicht beieinander liegenden Koralleninseln Fais, Ngulu und Ululssi. Wesentlich stärker auseinandergezogen ist die Mittelgruppe. Zwischen ihren westlich kleineren und östlich größeren Atollen liegen die basaltischen, 300 – 400 m hohen Truk-Inseln und das besonders an Kokospalmen reiche Atoll Lamutrik. Unter den östlichen Inseln sind die hohen Inseln Kusae und Ponape von Bedeutung.

Die im allgemeinen zwischen dem Äquator und dem 10° nördlicher Breite liegenden Inseln weisen durchweg tropisches Seeklima mit starken Niederschlägen auf, die im Westen etwas geringer sind als im Osten. So stimmt die Vegetation der hohen Insel Jap im Westen mit der auf den Palau-Inseln überein, während die hohen Inseln des Ostens tropische Urwälder aufweisen. Die Koralleninseln zeigen überall das gleiche Bild, Kokospalmen oder auch Mangroven mit Salzwasserbüschen am niedrigen Strand, im Innern auf meist nur dünner Humusschicht Brotfruchtbäume, Pandanus, verschiedene Ficusarten, Bananen und Hibiscus, oft auch die aus Amerika stammende Papaya. Fliegende Hunde sind die einzigen Säugetiere. Selten nur sind Landvögel aufzufinden. Dahingegen sind Eidechsen, Schildkröten und Landkrabben häufiger vertreten. Von gewisser Bedeutung ist der Trepang, eine zu Gewürzen verarbeitete Seegurke. Eine Welt farbenprächtiger Wunder zeigt im klaren durchsichtigen Wasser der Korallenwald durch die Vielart seiner Formen und Farben der Korallen, wie aber auch der Fische, denen die Natur meist ein prächtiges Gewand verlieh.

Die Karoliner sind fast durchweg gutgebaute Menschen mittlerer Größe mit regelmäßiger Gesichtsbildung. In der Gesellschaftsordnung höher Gestellte zeichneten sich früher durch formenreiche Tätowierung aus. Die festen Hütten der Inselbewohner ähneln im Westen den auf den Palau-Inseln, sind jedoch etwas schwächer in der Ornamentik der bemalten Giebelflächen als jene. Große, besonders sorgfältig gebaute und verzierte Häuser dienen auf Jap als Versammlungshäuser oder auch der Aufbewahrung der oft mit reichem Schnitzwerk versehenen Boote.

Ponape und Kusae weisen mächtige alte Steinbauten aus Basaltplatten und Korallenblöcken auf, die einst als Grabstätten der Häuptlinge dienten. Als Bekleidung trugen die Frauen ursprünglich bis zu den Knien reichende Gras- oder Faserröcke mit Verzierungen aus Schildpatt und Kokosnußscheiben, gelegentlich auch Mattenröcke, die Männer dahingegen meist nur eine Schambinde. Die Hauptnahrung lieferten die Fische des Meeres. Fischfang und Seefahrt sind Allgemeingut der Inselbewohner. Ackerbau tritt nur selten in Erscheinung. Die Früchte der Kokos- und Bananenpalmen, vor allem der Brotfruchtbäume und die Taropflanze, vervollständigten die Fischnahrung. In alter Zeit waren Speere, Keulen und Schleuder die Hauptwaffen. Der ursprünglich wohlbekannte Gebrauch von Pfeil und Bogen war bei Eintreffen der Weißen längst in Vergessenheit geraten. Hoch entwickelt waren die Mattenfertigung und die Webkunst. Während diese Arbeiten wie auch das Sammeln der Früchte den Frauen oblag, war die Hauptbeschäftigung der Männer der Bootsbau, Fischfang und die Seefahrt. Überaus seetüchtige Einzelboote mit Auslegern wurden mit den primitivsten Hilfsmitteln, ohne jedes Metall, zusammengefügt, die Planken, Ausleger und Plattformen mit Fasern zusammengebunden. Die dreieckigen Segel wurden aus Pandanusblättern geflochten. Alles in allem waren die Mikronesier Meister des Behelfes mit den einfachsten Mitteln. Von den Polynesiern übernahmen sie wohl, die bereits auf den Seiten 92 und 93 geschilderten Navigationskenntnisse. Als Zahlungsmittel fanden auf Jap Perlmuscheln auf Schnüren Verwendung. Als Großgeld wurden dort mächtige, mühlsteinähnliche Steingebilde gehortet, die wohl von den Palau-Inseln stammten. Musik und Tanz waren beliebte Vergnügen. Als Musikinstrumente dienten mit Fischhaut überzogene Holztrommeln, Bambusflöten und Muscheltrompeten.

Die gesellschaftliche Verfassung beruhte auf der Feudalherrschaft der von den Stammeshäuptlingen gewählten Oberhäuptlinge oder Könige. Diese Oberhäupter waren jedoch nicht Selbstherrscher, sondern hatten nur den Vorsitz und die erste Stimme im Rate der Häuptlinge. Die Würde war nicht erblich, verblieb jedoch meist innerhalb der Familie. Das Oberhaupt mußte vor allem der Seefahrt kundig sein.

Die wirtschaftliche Entwicklung der Karolinen ist bisher gering. Kopra und Trepang, auf den Fais-Inseln auch Phosphat, sind die Hauptausfuhrerzeugnisse. Eine weitere Erschließung ist vielleicht auf den hohen Inseln Jap, Kusae und Ponape möglich. Aber auch die Japaner haben in der Zeit ihrer Mandatsherrschaft mit über 1000 Einwanderern noch keine wesentlichen Fortschritte erzielt. Die im Südostwinkel von Mikronesien liegenden Inseln Nauru und Paanopa oder Banaba haben wegen ihrer reichen Phosphatlager anscheinend eine derartige Bedeutung, daß sich in ihrer Verwaltung Großbritannien, Australien und Neuseeland alle 5 Jahre ablösen. Die nur 21 qkm große Insel Nauru hat 2100 Einwohner, darunter ein Drittel Chinesen.

Schließlich ist im Raum der Karolinen noch die kleine Insel Nukuoro insofern interessant, als sie um 1400 von Samoa aus erneut durch die Polynesier besiedelt wurde (siehe Skizze 32).

Die östliche Inselgruppe Mikronesiens bilden die Marshall-Inseln. Ihre insgesamt 33 Atolle sind in zwei Reihen angeordnet. Die westliche Rälik-Gruppe weist 18, die östliche Ratak-Gruppe 15 Atolle auf. Unter den südlichen Atollen der Rälik-Gruppe ist Jaluit mit 169 qkm der größte Atoll der zusammen 415 qkm umfassenden Gruppe mit 11800 Einwohnern. Die Zahl der kleinen Inseln innerhalb der Atolle beträgt über 353.

Die Bewohner der Marshall-Inseln haben die alten Seefahrerkünste der Polynesier im ganzen Raum Ozeaniens am besten bewahrt. Nur dort gab es vor drei Jahrzehnten noch Häuptlinge, die um die Geheimnisse der Navigation wußten und die Segelanweisungen anfertigen wie auch deuten konnten. Von Jahr zu Jahr verdrängen aber auch dort, wie in ganz Ozeanien, neuzeitliche Segel- und Motorboote immer mehr die alten Kanus, und an Stelle der Segelanweisungen der alten Zeit sind der Kompaß und andere neuzeitliche Hilfsmittel der Navigation getreten.

Die südlich an die Marshall-Inseln anschließenden Gilbert- oder Kingsmill-Inseln, mit 430 qkm und 26700 Einwohnern, gehören ethnographisch dem mikronesisch-polynesischen Übergangsgebiet an. Sie bestehen aus 16 Atollen, deren Koralleninseln nur bis zu 7 m aus dem Meere emporragen. Entsprechend ihrer äquatorialen Lage ist der Pflanzenwuchs besonders reich entwickelt. Dennoch leiden die Inselbewohner häufig unter dem Mangel an Nahrung, so daß sich die Bevölkerung leicht zu Arbeiten auf anderen Inseln anwerben läßt. Die Großbritannien gehörenden Inseln führen neben Kopra vor allem die in China sehr begehrten Haifischflossen aus.

Polynesien

Im Anschluß an die Gilbert-Inseln tritt die westlichste tektonische Leitlinie der Äußeren Inselkette mit den Ellice-Inseln in das Gebiet Polynesiens ein, dessen Ausbreitung etwa die Osthälfte des Gesamtraumes Australien-Ozeanien einnimmt. Innerhalb dieses riesigen Raumes treten die im 5. Jahrhundert n. Chr. eingewanderten Polynesier (siehe Skizze 32) in den Vordergrund. Abgesehen von der wiederholten Vermischung mit den Melanesiern stellen die Polynesier in anthropologischer Hinsicht wohl eine einheitliche Gruppe dar, als deren reinste Vertreter die Bewohner Samoas und der Tonga-Inseln gelten. Sie sind im allgemeinen hohen, kräftigen Wuchses, besitzen eine hellbraune Hautfarbe und welliges oder feingelocktes Haar. Charakterlich sind sie aufgeschlossen, aber auch kämpferisch. Die an sich einheitlichen kulturellen Grundlagen sind als Folgeerscheinung der Inselvereinsamung gewissem Wechsel unterworfen. Den kulturell bedeutendsten Grundzug der Polynesier stellt ihre Seefahrernatur dar (siehe die Seiten 92, 93).

Die Ellice- oder Lagunen-Inseln, mit 37 qkm und 3582 Einwohnern, sind britischer Besitz. Wie ihr Name schon besagt, bestehen sie durchweg aus niederen Inseln. Geologisch besonders aufschlußreich ist die im Süden gelegene Insel Funafuti, auf der durchgeführte Bohrungen noch in 340 m Tiefe Korallenfels feststellten. Daraus ergibt sich, daß ein allmähliches Absinken dieser Insel durch die Aufbauarbeit der Korallen ausgeglichen wurde. Die Bewohner der Inseln sind erst um 1400 von Samoa her eingewandert. Die klimatischen Verhältnisse, Flora und Fauna stimmen im wesentlichen mit den östlichen Gebieten Mikronesiens überein.

Die im Zuge der bisher verfolgten tektonischen Leitlinie anschließenden Samoa-Inseln sind kulturell das Herz Polynesiens (siehe Skizze 32). Abgesehen von dem Rose Atoll bilden acht hohe, meist von Korallenriffen umschlossene Inseln die Samoa-Gruppe. Es sind dieses von Westen nach Osten: Sawaii, Apolima, Manua, Upolu, Tutuila, Ofu, Olosenga und Tau. Von dem insgesamt 3413 qkm umfassenden Inselraum ist Sawaii mit 1700 qkm die größte Insel. Etwa halb so groß ist Upolu, während Tutuila nur 134 qkm einnimmt. Die übrigen Inseln sind sehr klein. Die aus vulkanischem Geschehen entstandenen Inseln sind anscheinend von Osten nach Westen aus dem Meer bis zu 1600 m Höhe emporgestiegen. Sie weisen sämtlich umfangreiche Spuren vulkanischer Gewalten auf, die allein auf Sawaii, im 1300 m hohen Matavanu, noch nicht zum Stillstand gekommen sind. Die an sich schwachgegliederten Küsten besitzen infolge ihrer Steilhänge oder Korallenriffe vor den flachen Küsten nur wenige für die Überseeschifffahrt brauchbare Häfen. Der beste Hafen ist Pago Pago auf der den USA gehörenden Insel Tutuila. Der an der Nordküste von Upolu liegende Hafen Apia bietet bei Nordstürmen nur einen unsicheren Ankerplatz, wie die vielen Wracks auf den Korallenbänken der Bucht erkennen lassen. Dort wurden allein im März 1889 neben vielen anderen kleinen Fahrzeugen von fünf im Hafen ankernden Kriegsschiffen vier von einem gewaltigen Orkan auf den Korallenstrand geworfen und von den Wogen zerschlagen.

Das Klima, mit einer Jahresdurchschnittstemperatur von 27° C an den Küsten, ist infolge der stetigen Ostsüdostpassate für den Weißen erträglich. Die Niederschläge an der Leeseite betragen in den sommerlichen Regenmonaten November bis April zwischen 250 und 410 mm, im Winter zwischen 75 und 175 mm im Monat und erreichen innerhalb des Jahres etwa 2900 mm (in Apia). Sie sind an den Windseiten wesentlich höher, so daß die Flüsse reichlich Wasser erhalten und im Bergland vielfach über mächtige Wasserfälle zu Tal brausen.

Soweit nicht das vulkanische Gestein durch seine wilde Zerklüftung oder jüngere Auswürfe den Pflanzenwuchs behindert, umschließen dichte Urwälder die Berge, weisen fruchtbare Niederungen die Küsten auf. In den Urwäldern bilden die 60—80 m hohen, weit ausladenden Baumkronen der Banyanbäume (Ficus) einen gewaltigen Urwalddom über großblättrigen Myrthaceen, deren Blütenduft die Luft erfüllt, über Muskatnußbäumen, Bambus und Farnen, die von Lianen und anderen Kletterpflanzen zu einem undurchdringlichen Dickicht vereinigt sind. Zwischen mächtigen Moospolstern, Flechten und Lebermoosen entwickeln Orchideen und andere Blumen ihre vielfarbige Blütenpracht. Sich ewig selbst verjüngend, trachtet der Urwald immer wieder danach, die mühsam von Menschenhand geschaffenen Pfade erneut zu überwuchern. An den Küsten spenden Kokospalmen, Brotfruchtbäume, Bananen, Papaya, Yam und Zuckerrohr sowie Tabak auf wasserreichem Boden ausreichende Nahrung. Der Papiermaulbeerbaum bietet das Material zur Fertigung der Rindenstoffe. Die Wurzelstöcke der Kawastaude liefern das erfrischende, aber auch berauschende Kawagetränk, und noch viele andere Pflanzen weiß der Samoaner zur Nahrung zu nützen.

Von den später eingeführten Kulturpflanzen gedeihen besonders Kakao, Kaffee, Gummibäume, Baumwolle, verschiedene Südfrüchte, Gewürzpflanzen, sogar Reben und der von den Eingeborenen sehr begehrte Tabak. Die Fruchtbarkeit der Inseln ist außerordentlich. Jedoch bereitet die Urbarmachung der für eine Erweiterung der nutzbaren Flächen in Frage kommenden Urwälder erhebliche Schwierigkeiten. Das von den Eingeborenen angewandte System der Rodungen durch Feuer ist durch die damit verbundene Vernichtung wertvoller Holzbestände unwirtschaftlich.

Die bodenständige Fauna ist so arm wie auf den übrigen Südsee-Inseln. Es gibt dafür aber weder wilde Tiere noch Giftschlangen.

Ein starähnlicher Vogel, eine zinnoberrote Papageienart, vor allem verschiedene Taubenarten sind die häufigsten Vertreter der Landvögel in den Urwäldern. Von den Samoanern eingeführt, haben sich Ratten, Hühner und vor allem Schweine als Hauptfleischlieferanten der Eingeborenen stark vermehrt. Die Weißen fanden für die Rinderzucht, aber auch Pferde- und Eselzucht stellenweise gutes Weideland. Für die Schafzucht ist jedoch das Klima ungeeignet. Überaus reich an Fischen ist das Meer. Vom Hai und Delphin bis zu den buntfarbigen Kleinfischen des Korallenwaldes gibt es hunderterlei Zwischenformen. Unter den Nutzfischen der See sind besonders beliebt Meeräschen, der Bonito und der bis zu 2 m lange Filoa. Krabben und Schildkröten werden am Strand gefangen. Aale gibt es in den wasserreichen Flüssen.

So sind die Samoa-Inseln reich gesegnet durch die Schönheit ihrer Landschaft und die Fülle ihrer Gaben. Ihren Strand erreichten die ersten Polynesier mutmaßlich im Verlauf des 5. Jahrhunderts. Während der Überschuß an Kräften von Samoa aus weiter hinausfuhr und auf Raiatea und den Tonga-Inseln neue bedeutende Kolonien gewannen (siehe Skizze 32), entwickelte sich auf Samoa eine bodenständige Kultur, die auf der Grundlage steinzeitlicher Hilfsmittel einen hohen Entwicklungsstand erreichte.

Die Samoaner werden im allgemeinen als die vorzüglichsten Vertreter der polynesischen Rasse angesprochen. Sie zeichnen sich besonders durch hohe, kräftige Figuren und ansprechende Gesichtszüge aus. Jugendliche beiderlei Geschlechts können häufig auch vom Standpunkt der Weißen als schön bezeichnet werden. Bei Männern, aber noch mehr bei den Frauen, zeigt sich jedoch frühzeitig ein Ansatz zur Körperfülle. Die Samoaner zeichnen sich durch Frohsinn wie ausgeprägten Rechtssinn aus. Sie sind außerordentlich aufgeschlossen. Die Grundlage ihrer Gesellschaftsordnung baut sich auf der Familie auf. Die monogame Ehe ist heilig. Die Frauen nehmen eine geachtete Stellung ein. Alle schweren Arbeiten werden von den Männern verrichtet, die im allgemeinen — zweifellos klimatisch bedingt — nicht mehr schaffen als zur auskömmlichen Lebenshaltung erforderlich ist. Der Erwerbssinn ist gering entwickelt. Bezahlte Plantagenarbeit wird ungern geleistet. Den Frauen obliegt neben der alltäglichen Hausarbeit die Erziehung der Kinder sowie die Herstellung von Rindenstoffen und Matten. Das Familienoberhaupt steht in hohem Ansehen. Mehrere Familien bilden eine Dorfgemeinschaft mit einem Häuptling. Eine Anzahl von Dörfern ist unter einem Oberhäuptling als Bezirk vereinigt. Einem Oberhäuptling, der mehrere Bezirke beherrscht, fällt der Königstitel zu. Jedem König, wie auch Oberhäuptling, steht eine beratende und beschließende Versammlung aus Männern der ältesten und angesehendsten Familien zur Seite, die aus ihrer Mitte einen Vorsitzenden, den „Tupu“, erwählen. Er wird in seinem Amt von dem Sprecher, dem „Tulafele“, unterstützt. Aus alter Überlieferung bestand trotz der demokratischen Ordnung eine gewisse, stets beachtete Rangordnung. In der Körperpflege wie auch in der Lebenshaltung bestand auffallende Sauberkeit. Bei Männern und Frauen wurde nur die Tatauierung des Unterkörpers durchgeführt. Die Bekleidung bestand früher aus einem einfachen Lendenschurz aus gefärbten Blattstreifen oder Rindenstoffen. Ketten aus Fruchtsamen, Muscheln oder Pottwalzähnen waren neben duftenden Blumen als Schmuck beliebt. Hoch entwickelt war die Kunst der Fertigung buntgemusterter Rindenstoffe und der Matten, deren Besitz einen gewissen Vermögenswert darstellte. Die Töpferei war den Samoanern unbekannt. Diese wohl ursprünglich den Polynesiern bekannte Kunst ging anscheinend im Verlauf der Wanderzüge verloren, da die neubesiedelten Inseln keinen Töpferton besaßen.

Die meist aus dem Holz der Brotfruchtbäume hergestellten ovalen oder runden Hütten zeigen ein hochgewölbtes Blätterdach auf 1,5—2 m hohen Rand- und bis 6 m hohen Mittelpfosten. Der sorgfältig geebnete Boden wird mit Matten ausgelegt. An Stelle der Seitenwände werden nur nachts oder bei Sturm aus Palmblättern gefügte Matten heruntergelassen. Der einfache Hausrat, Kopfstützen, Matten, Holzgefäße und Körbe werden sorgfältig geordnet auf den Querbalken aufbewahrt. Gekocht wird in besonderen Kochhütten auf erhitzten Steinen. Das Kochen, wie auch die Bearbeitung der Pflanzungen, war Männerarbeit. Sauber gehaltene Rasen oder Kiesplätze umgeben die Häuser.

Der ebenfalls von den Männern ausgeübte Fischfang geschah mit Speeren, Angeln und großen Netzen. Nur bei der Strandfischerei halfen Frauen und Kinder. In hoher Blüte stand der Bootsbau. Neben Einbaumbooten verschiedener Größe gab es die schnellsegelnden Auslegerboote mit Plattform und Brustwehr für Kriegszwecke und die aus Doppelbooten bestehenden großen Reiseschiffe. Sehr beliebt waren Musik und Tanz, darunter die eigenartigen, von Frauen und Männern ausgeführten Sitztänze.

Die alten Sitten und Gebräuche der Samoaner waren manchem Wandel unterworfen, seitdem Bougainville 1768 die Inseln entdeckte. Der sich sodann in der Mitte des 19. Jahrhunderts aus dem Wettbewerb der verschiedenen Kolonialbestrebungen ergebende Streit um den Besitz der Inseln wurde durch das Samoa-Abkommen im Jahre 1900 geregelt, nach dem Sawaii und Upolu an Deutschland fielen und Tutuila, Tau, Ofu sowie Olosenga an die USA kamen. Die deutschen Besitzungen übernahmen sodann nach dem ersten Weltkrieg die Neuseeländer als Mandat des Völkerbundes. Einer bald darauf Samoa heimsuchenden Grippeepedemie fielen Tausende der Eingeborenen zum Opfer. Ihre Gesamtzahl wird heute mit 63000, einschließlich der Mischlinge, angegeben. Hierzu kommen an 5000 melanesische und chinesische Plantagenarbeiter und 3500 Weiße. Die Hafenstädte Pago Pago und Apia lassen in zunehmendem Umfang in Häusern und Straßenbildern den Einfluß der Weißen erkennen. Der Umfang der Anpflanzungen hat in den letzten Jahrzehnten nur in geringem Maße zugenommen. Eine wesentliche Steigerung hat die Rinderzucht erfahren. Jedoch sind Kopra und Zucker immer noch die bedeutendsten Ausfuhrgüter. Ihr Gesamtwert bleibt hinter der Einfuhr zurück. Die einheimische Bevölkerung ist fast durchweg zum Christentum bekehrt und hat zum mindesten in Nähe der Hafenstädte Bekleidung wie auch viele Gebräuche der Weißen angenommen.

Westlich von Samoa sind noch die Frankreich gehörenden Wallis- und Hoorn-Inseln zu erwähnen. Dort waren die vulkanischen Inseln Futuna und Uvea der Ausgangspunkt eines polynesischen Wanderzuges, der sich um 1750 auf den von ihnen mit dem gleichen Namen belegten Inseln vor der Ostküste von Neukaledonien niederließ.

Als weitere Inselkette der bisher beschriebenen tektonischen Leitlinie erscheinen im Südwesten die von Neuseeland verwalteten Cook- oder Hervey-Inseln, mit einem Umfang von 304 qkm und 17000 Einwohnern. Die verhältnismäßig große Bevölkerungsdichte von 30 Einwohnern je Quadratkilometer läßt die beachtliche wirtschaftliche Entwicklung der Inseln erkennen. Die Ausfuhr an Bananen und Orangen übersteigt die Einfuhrwerte. Unter den insgesamt acht hohen Inseln vulkanischen Ursprungs ist Rarotonga mit dem 890 m hohen Tuputea die größte. Klima, Flora und Fauna wie auch das Landschaftsbild gleichen in großen Zügen den Verhältnissen auf Samoa. In der polynesischen Geschichte fiel Rarotonga als Zwischenstation auf dem Wege von Tahiti nach Neuseeland eine bedeutende Rolle zu. Von Rarotonga aus stießen auch die Polynesier bereits im 10. Jahrhundert nach Süden bis in die Gebiete des Treibeises vor.

Die halbwegs Samoa—Rarotonga gelegene Insel Niue (Savage-Insel) ist eine 9,3 qkm große, bis zu 90 m Höhe gehobene Koralleninsel. Auf ihrem, von tropischer Vegetation bedeckten Tafelland wurde eine große Baumwollversuchsplantage angelegt. Die unter neuseeländischer Verwaltung stehende Insel weist allein fast 4000 Einwohner auf.

Südöstlich der Cook-Inseln bilden sodann die in französischem Besitz befindlichen Tubuai- oder Austral-Inseln die letzten Ausläufer der inneren tektonischen Leitlinie der Äußeren Inselkette. Die aus neun hohen Inseln bestehende Gruppe umfaßt 287 qkm mit 3000 Einwohnern. Die auf der westlichen Insel mit 320 m ihre größte Höhe erreichenden Inseln ragen bereits in die südlich gemäßigte Zone hinein. Sie haben somit ein kühles Klima, so daß Kokospalmen dort nicht mehr recht gedeihen. Dahingegen erzielen Obst- und Gemüsepflanzungen gute Erträge. Auf der weit nach Süden vorgeschobenen Insel Rapa (Baß-Inseln) sind Kokospalmen und Brotfruchtbäume nicht mehr lebensfähig. Die auf der 40 qkm großen und bis zu 600 m Höhe sich erhebenden Basaltinseln sind von 250 Gemüse- und Kartoffelanbau betreibenden Polynesiern bewohnt.

Die nächste, weiter östlich verlaufende unterseeische Bodenwelle läßt sich von den Tokelau-Inseln über Tahiti bis zur Oster-Insel verfolgen. Die von Neuseeland verwalteten Tokelau- oder Union-Inseln umfassen nur 13 qkm mit 1833 Einwohnern. Die sechs Koralleninseln der Gruppe entsprechen im wesentlichen den Verhältnissen der Gilbert-Gruppe (siehe Seite 139). Ihre wirtschaftliche Bedeutung liegt in der Ausfuhr von Kopra und Guano. Von den auf halbem Wege nach Tahiti liegenden und Großbritannien gehörenden Koralleninseln Nassau und Suwarow ist nur die 2 qkm große und 15 m hohe Insel Nassau bewohnt.

Dahingegen sind die Gesellschafts-Inseln, nach ihrer Hauptinsel meist nur Tahiti genannt, als französischer Besitz geschichtlich wie wirtschaftlich bedeutungsvoll. Die insgesamt 1647 qkm umfassenden Inseln vulkanischen Ursprungs sind in zwei Gruppen gegliedert.

Die von den Polynesiern als „Inseln unter dem Winde" bezeichnete westliche Gruppe besteht aus neun kleineren Inseln, von denen Raiatea, mit 194 qkm, die größte und als altes polynesisches Kulturzentrum die bedeutendste ist. Von der östlichen, als „Inseln über dem Winde" bezeichneten Gruppe ist Tahiti heute die bedeutendste Insel. In bezug auf ihren geologischen Aufbau, Klima, Flora und Fauna stimmen die Gesellschafts-Inseln im wesentlichen mit Samoa überein. Doch überbietet Tahiti fast noch die landschaftliche Schönheit der Samoa-Inseln. Die durch eine schmale Landenge zusammenhängende Doppelinsel, deren wild zerklüftete

Felsenberge bis zu 2500 m Höhe aus den Urwäldern emporragen, wird vielfach „die Perle der Südsee" genannt. Auf fruchtbarem Ackerboden gedeihen Orangekulturen, Kaffee und Ananas. Doch von dem rund 28000 ha nutzbaren Ackerland werden nur etwa 3000 ha planmäßig bearbeitet, da ganz besonders auf Tahiti die lebensfrohen Polynesier die geregelte Plantagenarbeit ablehnen. So setzt sich die Gesamtbevölkerung der Gesellschafts-Inseln, mit rund 31000 Einwohnern, aus etwa 20000 Eingeborenen, 4500 Chinesen und Indern als Händler und Plantagenarbeiter und 870 Franzosen zusammen. Davon wohnen allein 6000 Polynesier, 1250 Chinesen und 300 Franzosen in der Hauptstadt Papeete auf der Hauptinsel Tahiti. Dort stehen auch die Binnenniederlassungen durch ein gut ausgebautes Straßennetz, mit einem Bestand an über 500 Kraftwagen, mit dem Haupthafen in ständiger Verbindung. Neben den landwirtschaftlichen Erzeugnissen, vor allem Früchte und Kopra, tragen Phosphate zum Ausgleich der Ein- und Ausfuhr bei. Eine Steigerung der Ausfuhr ist angesichts der großen Flächen nicht nutzbar gemachten Ackerlandes lediglich eine Frage der Beschaffung farbiger Arbeiter. Das an sich verhältnismäßig milde Klima, mit einer mittleren Jahrestemperatur von + 25° C läßt die dauernde körperliche Arbeit Weißer nicht zu.

Die 1606 von dem Spanier de Quiros auf seiner Fahrt von Callao zu den Philippinen entdeckten Inseln wurden bereits im 5. Jahrhundert von den Polynesiern besiedelt. Während die von den Polynesiern als „Menehune" bezeichneten ersten Siedler wohl von den Gilbert- über die Phönix- und Manihiki-Inseln Tahiti erreichten, besetzte der von Samoa kommende Hauptstrom der „Ariki" Raiatea und schuf dort, auf der ursprünglich Hawaiiki genannten Insel, das ostpolynesische Kulturzentrum. Raiatea-Hawaiiki war Jahrhunderte hindurch der religiöse Hauptort Ostpolynesiens, sowie der Ausgangspunkt bedeutender polynesischer Wanderzüge zwischen dem 10. und 14. Jahrhundert. Sie erreichten im Norden als zweite Hauptwelle die Inseln von Hawaii, im Osten die Marquesas, die Oster-Insel und schließlich im Südwesten über Rarotonga Neuseeland (siehe Skizze 32).

Anscheinend war die Raumenge auf der nur 112 qkm großen Insel Raiatea die Ursache der späteren Verlegung des religiösen und politischen Schwergewichts der Ostpolynesier nach Tahiti. Dort gewann nach jahrelangem Ringen mit zwei Rivalen im Jahre 1789 der König Tu Pomare I. die Oberherrschaft über den Gesamtraum der Gesellschafts-Inseln. Die Rivalität verschiedener christlicher Missionsgesellschaften, britischer und französischer Einwanderer waren vielfach die Ursachen neuerer innerpolynesischer Kämpfe, bis 1880 Pomare V. seine Herrschaft an die Franzosen abtrat. Diese übernahmen sodann, im Einverständnis mit Großbritannien, das auf der Skizze 10 gekennzeichnete Gebiet Ostpolynesiens als Kolonialgebiet. Damit verlief die weitere Entwicklung in verhältnismäßig ruhigen Bahnen, ohne jedoch zur völligen Erschließung der Inseln zu führen. Die Einwirkungen der Weißen auf die Polynesier sind jedoch durch den Niedergang der Einheimischen gekennzeichnet. Die von Cook 1770 auf 120000 geschätzte Einwohnerzahl beträgt heute kaum noch ein Viertel des alten Bestandes.

Die südostwärts von Tahiti gelegenen Gambier- oder Mangarewa-Inseln bestehen aus sieben kleinen, unbewohnten Koralleninseln und den drei bewohnten hohen Inseln Taravai, Akamaru und Mangarewa, mit insgesamt 30 qkm und 600 Einwohnern. Auf den auf Mangarewa 400 m Höhe erreichenden Inselbergen gedeihen Südfrüchte, Wein und Kaffee, während im Buschland verwilderte Ziegen weiden. Von Mangarewa aus erreichten Polynesier die Oster-Insel und Pitcairn.

Die sich im Jahre 1770 auf der nur 7 qkm großen Insel Pitcairn niederlassenden Meuterer des britischen Schiffes Bounty fanden auf der bis zu 338 m ansteigenden, bewaldeten Insel nur noch die Überreste einiger altpolynesischer Tempelanlagen und Gräber. Die sodann wegen der Übervölkerung der abseits der großen Verkehrswege liegenden Insel von den Briten 1856 teilweise nach den Norfolk-Inseln überführten Bewohner kehrten in der Mehrzahl wenige Jahre später wieder nach Pitcairn zurück.

Die 120 qkm große Oster-Insel oder Te Pito de Henua erhebt sich als Überrest vulkanischen Geschehens über der sich zwischen Mangarewa und Südamerika erstreckenden unterseeischen Osterschwelle. Das als abgerundetes Dreieck erscheinende, etwa 100 m hohe Inselplateau wird in der Mitte von einem etwa 400 m hohen Bergrücken durchzogen. Dieser steigt im Norden bis 615 m an, während über der Südwest- und Südostspitze sich je ein bis zu 400 m hoher, erloschener Vulkan erhebt.

Dürftig sind Flora und Fauna der Insel. Kein Baum belebt die steinerne Öde der von mächtigen Lavablöcken übersäten Hochflächen. Nur 450 Menschen leben auf der zu Chile gehörenden Insel. Sie bauen in wenigen Mulden der von Stürmen durchbrausten Insel Zuckerrohr, Bananen und Süßkartoffeln an, während auf den rauhen Hochflächen Rinder- und Schafherden dürftige Weiden finden.

Hunderte riesiger Steinbilder, die teils auf den Ruinen steinerner Plattformen lagen, teils aufrecht im Boden standen und teils noch im halbfertigen Zustand an den Hängen, wie im Krater des Rano Raraku im Südosten der Insel, gefunden wurden, bildeten für Jahrhunderte das Geheimnis der Oster-Insel. Jahrzehntelanger Forscherarbeit ist es nunmehr gelungen, das Geheimnis in seinen Grundzügen zu entschleiern. Die großen Steinfiguren dienten dem Totenkult der ältesten, wahrscheinlich von den Marquesas gekommenen Einwanderergruppe der Polynesier. Die mit je einem mächtigen hutähnlichen Steinaufsatz gekrönten Steinbilder standen früher auf den zur Aufbahrung der Toten bestimmten Plattformen, sowie in großen, zum Teil unregelmäßigen Zwischenräumen beiderseits einer von dem Rano Raraku landeinwärts führenden alten Prozessionsstraße. Nachdem die ersten Einwanderer lange Zeit mit einer späteren von Mangarewa gekommenen polynesischen Wanderergruppe in Frieden gelebt hatten, wurden sie in einem Bruderkrieg vernichtet. Jäh erlosch der Kult, der noch am Blühen war, als Roggeveen die Insel entdeckte. Die ältesten Einwanderer, die wegen ihrer durch Schmuckstücke beschwerten und lang herabhängenden Ohrlappen als Langohren bezeichnet wurden, haben auch die seltsamen Steinbilder der Vogelmenschen in den Felsen gehauen als Sinnbild eines Vogelkultes, der das Auffinden des ersten Eis der Seeschwalbe auf einer der Insel vorgelagerten Felsenklippe als Festtag feierte. Ungelöst blieb jedoch bis heute das Rätsel der doppelseitig mit einer Art Hieroglyphen beschnitzten Holztafeln. Daß es sich bei diesen seltsamen Zeichen um eine Schrift handelt, ergibt sich aus dem Vergleich mit den uns überlieferten Unterschriften einiger polynesischer Häuptlinge der Oster-Insel auf einem 1770 mit den Spaniern abgeschlossenen Vertrag.

Die wenigen polynesischen Eingeborenen der Oster-Insel, die ihre katastrophale Verschleppung durch die Peruaner zu den Guano-Inseln vor der peruanischen Küste im Jahre 1863 überlebten, haben die alten Schriftkenntnisse nicht mehr übermittelt, so daß sie heute als verloren zu betrachten sind.

Während das einsame unbewohnte Felsenriff Salas y Gomez den Südostpfeiler der zweiten Leitlinie der Äußeren Inselkette darstellt, setzt in den Phönix-Inseln eine dritte Leitlinie an, die über Manihiki zu den Paumotu-Inseln führt.

Die Phönix-Inseln bestehen aus 10 niedrigen Koralleninseln mit 240 Einwohnern. Von den im allgemeinen nur mit Gestrüpp und Gras bedeckten Inseln gehören Mary und Enderbury wie auch die nördlich vorgelagerten, als Stützpunkt für den Transozean-

Luftverkehr dienenden Einzelinseln Howland und Baker den USA. Dahingegen sind die übrigen Inseln, darunter die größere Kokospalmenbestände aufweisenden Sydney- und Gardner-Inseln, britischer Besitz.

Die Neuseeland gehörenden Manihiki-Inseln wurden wie die Phönix-Inseln bereits von den ersten Einwohnern von Tahiti, den Menehune, auf ihrem Zug nach Südosten vorübergehend bewohnt, dann jedoch nach langer Zeitspanne der Verödung um 1456 von Raiatea aus neu besiedelt, während die jüngere Niederlassung auf den Phönix-Inseln von den Tokelau-Inseln aus gegründet wurde. Die auf den Manihiki-Inseln festgestellten alten Steintempel stammen nach den neuesten Untersuchungen von den Neusiedlern, die besonders die Atolle Rokahanga und Tongarewa (Penrhyn) zum Aufenthalt wählten. Beide Atolle, von denen der Tongarewa Atoll allein 15 kleine Inseln trägt, weisen Kokospalmen auf und führen Trepang, Perlen und Perlmutt aus. Ihre etwa 1000 Einwohner leben heute in kleinen Dörfern, die regelmäßig von Dampfern aus Tahiti aufgesucht werden.

Einen weiten Raum zwischen den Gesellschafts-Inseln und den Marquesas nehmen die sich auf 1500 km in zwei Reihen erstreckenden Inselschwärme der Paumotu- oder Tuamotu-Inseln ein. Sie bestehen aus 80 großen Atollen mit 942 qkm und 4280 Einwohnern. Die Inseln sind nur bewohnt, soweit sie Kokospalmen aufweisen. Ihr Beiname, die „Gefährlichen Inseln", weist einerseits auf die Gefahren der Korallenriffe für die Schiffahrt, andererseits auch auf die Überflutungen hin, denen die im allgemeinen sehr niedrigen Inseln ausgesetzt sind. Nur wenige Inseln, wie die an Phosphaten reichen Inseln Makatea und Toau, erheben sich bis zu 50 m über dem Meere.

Während die bedeutendsten, 60—70 km großen Atolle in der Mitte der Inselgruppe liegen, verringert sich die Größe der Inseln nach Süden, so daß sie dort als „Niedrige Inseln" bezeichnet werden.

Auf der östlichsten der äußeren Leitlinien, abgesehen von den im Norden abgesondert liegenden Hawaii-Inseln, ruhen die Fanning-Inseln, Malden, Starbuck und die Marquesas. Die an sich unwirtlichen und abseits der großen Verkehrswege liegenden Fanning-Inseln bestehen aus fünf Inseln mit 668 qkm und 442 Einwohnern. Sie sind lediglich als Stützpunkt der britisch-australischen Seekabelverbindungen von gewisser Bedeutung.

Von den kleineren Inseln Malden (91 qkm) und Starbuck (39 qkm) ist nur Malden von etwa 20 Einwohnern besiedelt und wegen seiner Phosphatlager von Wert.

Wichtiger sind die Marquesas nicht nur als der südöstliche Eckpfeiler der äußersten Leitlinie der Äußeren Inselkette sondern auch als Ausgangspunkt vorübergehender, wahrscheinlich nur kurzfristiger Verbindungen der Polynesier mit Südamerika. Die einen Gesamtumfang von 1274 qkm und 3000 Einwohner aufweisenden Inseln vulkanischen Ursprunges ohne Korallenriffbildung sind in zwei Gruppen gegliedert. Zur nördlichen Gruppe gehören neben vier unbewohnten Inseln die Inseln Uapu, Uahoka und Nukuhiva mit der Hauptstadt der ganzen Gruppe Taiohai. Zur südlichen Gruppe gehören, außer zwei unbewohnten Inseln, die Inseln Hiwaoa, Tahuata und Fatuhiwa. Während die Masse der Inseln nur vom Urwald überwucherte vulkanische Gesteine erkennen läßt, sind auf der bis zu 1220 m Höhe ansteigenden Hauptinsel auch Reste des Urgebirges festgestellt worden. Unter den fast gleichen klimatischen Bedingungen wie auf Tahiti weisen die Inseln auf den Luvseiten dichte Urwälder und auf den Leeseiten teilweise Grassavannen und Farnengestrüpp auf.

Die Polynesier der Marquesas kamen wahrscheinlich im 10. Jahrhundert von Tahiti und scheinen etwa im 12. Jahrhundert eine starke Gruppe zu der Oster-Insel entsendet zu haben. Die Verbreitung der in Peru beheimateten süßen Kartoffel, dort „Kumar" und von den Polynesiern „Kumara" genannt, von den Marquesas aus über Polynesien deutet auf eine Verbindung der Marquesas mit Peru hin. Da nach P. H. Buck die süße Kartoffel schon um 1250 Hawaii und um 1350 Neuseeland erreichte, muß der Zeitpunkt des polynesischen Erkundungsvorstoßes nach Osten spätestens zu Anfang des 13. Jahrhunderts liegen. Weitere Anzeichen einer losen, vielleicht nur einmaligen Verbindung zwischen den Marquesas und Peru sind der Gebrauch einer Knotenschnur als Grundlage der Genealogie auf den Marquesas, die augenfällige Ähnlichkeit der auf den Marquesas errichteten Steinfiguren mit den Steinmännern von Tiahuanaco, das Bestehen der gleichen Zeitrechnung wie die der Inkas auf den Hawaii-Inseln, die nach ihrer eigenen Überlieferung mit den Marquesas in Verbindung standen, und schließlich die Sitte der Langohrbildung durch Schmuckstücke, wie sie auch bei dem Herrschergeschlecht der Inkas üblich war. Dabei liegt die Vermutung nahe, daß die Inkas diese Sitte von den Polynesiern der Marquesas übernahmen. Im übrigen haben auch F. Graebner und A. Krähmer auf die Möglichkeit gewisser kultureller Zusammenhänge der Inkas mit Polynesiern hingewiesen. Da der Beginn der Inkakultur nach den bisherigen Erkenntnissen im 12. Jahrhundert einsetzt, könnte die Berührung der Polynesier mit Peru sehr wohl in der Frühzeit der Besiedlung der Marquesas stattgefunden haben. Es lag ja wohl nahe, daß die Polynesier nach Erreichen der Marquesas sehr bald danach strebten, ihre Umwelt zu erforschen. So mögen polynesische Erkunder die Westküste Südamerikas erreicht haben. Die große Entfernung, der Wüstencharakter weiter Küstengebiete Südamerikas, die dichte Besiedlung der wenigen fruchtbaren Küstentäler mögen sodann dazu beigetragen haben, daß der Versuch nicht noch einmal wiederholt wurde.

Die Polynesier der Marquesas unterscheiden sich von ihren übrigen Rassegenosson im wesentlichen nur durch die am stärksten ausgeprägte Tatauierung, die den ganzen Körper bedeckte, sowie die Langohrbildung, wie sie die eine Gruppe auch auf der Oster-Insel zeigte. Ferner sind die Formen der Steinfiguren auf den Marquesas zum mindesten in Polynesien eigenständig. Seltsam erscheint auch das von P. H. Buck beschriebene Sportstadion der Marquesaner, das an die alten mittelamerikanischen Ballspielplätze erinnert.

Heute scheinen sich die Polynesier auf den Marquesas im raschen Aussterben zu befinden. Während die Franzosen 1918 dort noch 2500 Polynesier zählten, soll ihre Zahl nunmehr bereits auf 1500 gesunken sein. Sie haben sich zum Christentum bekehrt und sich sogar unter Aufgabe ihrer alten Hütten an die Wohnweise der Weißen gewöhnt. Doch der planmäßigen Plantagenarbeit konnten auch sie nicht zugänglich gemacht werden. So kamen die französischen Versuche, Baumwolle und Kaffee anzupflanzen, nicht zur Entwicklung. Die Kokospalme ist dort die einzige, im bescheidenen Umfang Ausfuhrprodukte liefernde Kulturpflanze.

Landschaftlich schön wie Tahiti sind die Marquesas. Aber sie sind auch die Stätte des Niederganges eines im Rahmen der naturgegebenen Möglichkeiten einst hoch entwickelten Volkes, das im Ablauf seiner Geschichte wohl die bedeutendsten Seefahrerleistungen aller Völker der Erde vollbrachte.

Hawaii- oder Sandwich-Inseln

Als weit abgesetztes Glied der Äußeren Inselkette erheben sich im Zuge des nördlichen Wendekreises, etwa halbwegs zwischen Japan und Nordamerika, die Hawaii- oder Sandwich-Inseln aus dem Meere. Ein sich von Nordwesten nach Südosten über 2500 km lang hinziehender Erdriß auf dem Meeresgrunde ist die Ursache des Entstehens dieser aus 12 kleineren und 8 größeren Inseln bestehenden Inselgruppe. Im Nordwesten durchbrach wohl im Tertiär das feuerflüssige Magma zuerst die schwache Erdrinde und türmte sich zur Insel auf. Nach dem Erlöschen des ersten, noch niedrigen Vulkans bahnte sich das Magma im Südwesten einen neuen Ausweg und setzte diese Bewegung mit dem abermaligen Erlöschen des nächsten Vulkans fort, so daß die neuen Vulkane zu wachsend größeren Höhen aus dem Meere aufstiegen.

Heute sind die Vulkane aller Inseln, bis auf der im äußersten Südosten liegenden Insel Hawaii, erloschen. Während dort noch

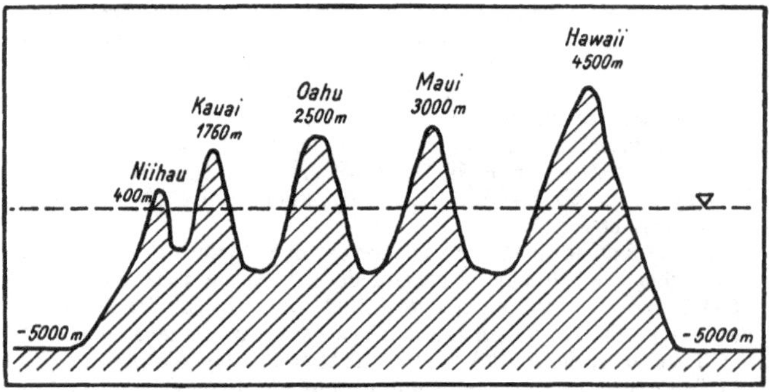

Skizze 44: Schematische Höhendarstellung der Hawaii-Inseln

der 4100 m hohe Mauna Loa und der 1500 m hohe Kilauea überaus tätig sind, lassen die erloschenen Vulkane der übrigen Inseln, entsprechend ihrem Alter, von Südwesten nach Nordosten in zunehmendem Umfang die abtragende Wirkung der Erosion erkennen.

Von der nordwestlichen Gruppe der kleineren Inseln sind nur die Midway-Inseln als Zwischenstation des Pazifischen Kabels von Bedeutung. Die übrigen Inseln sind unbewohnt und dienen den Vögeln des Meeres als Niststätte.

Die südöstliche Gruppe besteht aus den acht bewohnten Inseln Niihau, Kauai, Oahu, Molokai, Lanai, Maui, Kahoolawe und Hawaii.

Die klimatischen Verhältnisse der das ganze Jahr hindurch fast gleichmäßig dem Nordostpassat ausgesetzten Inseln (s. Skizze 31) werden durch die Wassermassen des Ozeans gemäßigt und sind gesund. Die auf Honululu festgestellte Jahresdurchschnittstemperatur beträgt + 23,3° C und ist nur geringen Schwankungen unterworfen. Infolge der Stetigkeit der Passatwinde gibt es keine ausgesprochene Regenzeit. Die Niederschläge erreichen an den Küsten der Luvseiten im Mittel zwischen 3000 und 6000 mm im Jahr, auf dem Gipfel des 1740 m hohen Waialeale auf Kauai sogar 12 600 mm, so daß die Nordamerikaner diesen Berg mit Recht den nassesten Platz der Erde nennen. Auf den Leeseiten sinken die jährlichen Niederschlagsmengen bis auf 1000 mm. Der 4500 m hohe Mauna

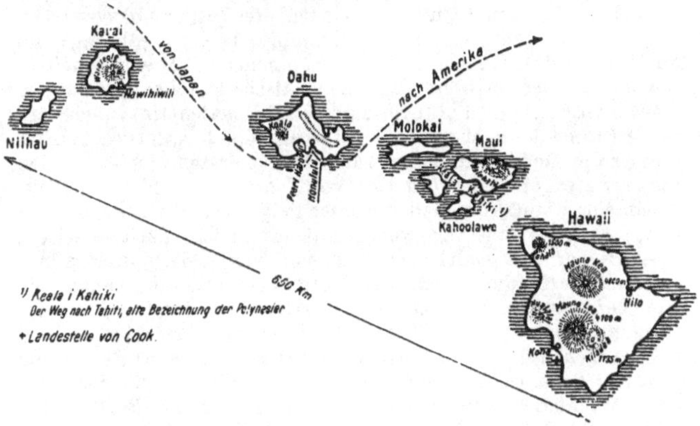

Skizze 45: Hawaii-Inseln oder Sandwich Islands

Kea trägt, wie sein Name „Weißer Berg" schon besagt, im Winter eine Schneekappe. Somit weisen die Inseln fast durchweg auf ihren Nordostseiten wasserreiche Bäche mit Wasserfällen auf, während die geringen Niederschläge im südwestlichen Regenschatten meist in dem durchlässigen Boden versickern und nur selten Wasserläufe entstehen lassen.

Die Folgen dieser Erscheinung sind im allgemeinen urwaldähnlicher Baumwuchs auf den Windseiten und Savannen auf den Leeseiten, die allerdings bei künstlicher Bewässerung guten Ackerboden bieten. Immergrüne Laubbäume, Sandelholz, Palmen, zahlreiche Farnen und eine Anzahl eigenständiger Unterholzgewächse weisen die Wälder auf. Kokospalmen gedeihen an flachen Küsten. Bananen, Kürbisse, Taro, Yam und Süßkartoffeln waren die wichtigsten Nahrungspflanzen der Eingeborenen. Der Fertigung der

Rindenstoffe dienten die Papiermaulbeerbäume. Von den eingeführten Nutzpflanzen haben vor allem Zuckerrohr, Ananas, Kaffee, Sisal und Reis Bedeutung gewonnen. Die Fauna ist infolge der isolierten Lage der Inseln und ihres spätvulkanischen Entstehens sehr arm an Arten. Bis auf Fledermäuse gibt es keine einheimischen Säugetiere. Papageien fehlen, und nur gering ist die Zahl der Landvögel. Von Reptilien sind nur die Geckos vertreten. Eingeführte Schweine, Schafe, Ziegen, Rinder und Pferde gedeihen gut. Schweine, Ziegen und Rinder sind in früherer Zeit häufig verwildert und heute auf Oahu, wie auch auf Hawaii, teilweise jagdbares Wild. Auch ausgesetzte Hirsche, Rehe und Kaninchen haben sich gehalten.

Von besonderem Interesse ist die völkische Entwicklung auf den Hawaii-Inseln, deren 16000 qkm große besiedelte Fläche an 541 782 Einwohner, also eine Bevölkerungsdichte von rund 24 Einwohnern je Quadratkilometer aufweist. Die ersten Siedler auf den Inseln waren die um 450 n. Chr. von den Gilbert- oder Marshall-Inseln eingewanderten Menehune der Polynesier, die bis zum Auftreten neuer Wanderzüge von Tahiti her im 12. Jahrhundert ein streng isoliertes Eigenleben führten. Von diesem Zeitpunkt an mögen auch Verbindungen mit den Marquesas bestanden haben. Die alte Bezeichnung der Meerenge zwischen den Inseln Maui und Lanai als „Der Weg nach Tahiti" kennzeichnet den lebhaften Verkehr zwischen Tahiti und den Hawaii-Inseln in jener Zeit. Nach den althawaiianischen Überlieferungen erreichte um 1725 der letzte große Wanderzug von Tahiti die Inseln von Hawaii. Bereits 1527 wurde ein Schiff des Spaniers Alvarado de Saavedra an den Südstrand von Hawaii verschlagen, und 1555 entdeckte der Spanier Juan Gaetano noch einmal die Inseln. Als sodann Cook im Jahre 1778 Hawaii besuchte, fand er dort von mehreren Häuptlingen beherrschte Teilreiche vor. Die damals übliche Landteilung in Form von schmalen Sektoren eines von dem Mittelpunkt der Insel oder einem hohen Berg ausgehenden Kreises, deren Grenzen auch über die Küste hinweg die Fischgründe aufteilten, ist heute noch in der Landesgliederung auf der Hauptinsel Hawaii zu erkennen.

Erst gegen Ende des 18. Jahrhunderts vereinigte Kamehameha I. als Oberhäuptling oder König die gesamten Inseln in einem Reich. Die Aufgeschlossenheit seiner Nachfolger, die verschiedentlich europäische Länder und die USA bereisten, führte zu einer Staatenbildung nach europäischem Vorbild und auch zunehmender Einwanderung Weißer. Damit verbunden war allerdings auch der Rückgang der einheimischen Bevölkerung. Während Cook noch die Zahl der Eingeborenen auf 350000–400000 geschätzt hat, ergab eine Zählung 1833 nur noch 130313 und 1878 sogar nur noch 58000 Polynesier. Da der zunehmende Bedarf an Arbeitskräften für die immer größeren Umfang erreichenden Zuckerrohrplantagen, teils aus Arbeitsunlust, teils wegen des allgemeinen Niederganges der Polynesier nicht auf den Inseln gedeckt werden konnte, wurden zunächst Chinesen, dann Eingeborene der Gilbert-Inseln, Portugiesen von den Inseln im Atlantischen Ozean, und schließlich Japaner angeworben.

Der Zuwachs an Fremden und der Rückgang der Einheimischen fand auch mit der Machtübernahme durch die USA kein Ende. Zwar wurde bald die chinesische, dann 1907 auch die japanische Einwanderung untersagt, um die asiatische Überfremdung und auch den Kapitalabfluß durch die bei den Asiaten übliche Heimsendung des Lohnes zu verhindern, dafür aber wurden im vermehrten Umfang Filipinos angeworben, so daß sich 1938 die in nachstehender Aufstellung wiedergegebene Zusammensetzung der Bevölkerung ergab.

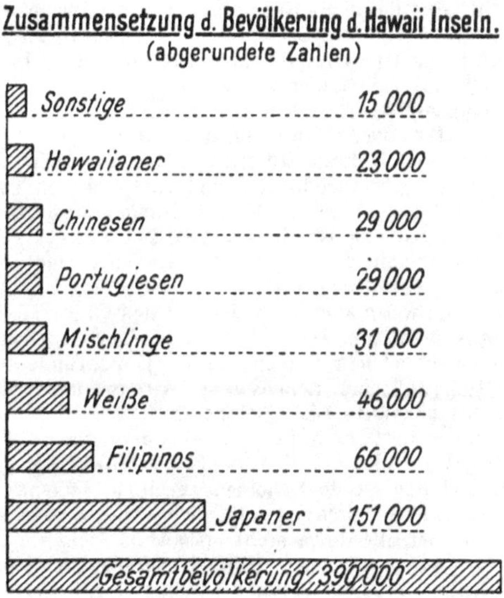

Es spricht für die geschickte wirtschaftliche und politische Führung der USA, daß die Bewährung dieser Völkervermischung während des 2. Weltkrieges nunmehr die Aufnahme der Hawaii-Inseln als freien Bundesstaat in die USA gestattete. Das Inselland von Hawaii war in zweifellos mustergültiger Weise zum Schmelztiegel der Rassen geworden, die, so verschieden auch ihre Herkunft war, in Hawaii in friedlicher Zusammenarbeit ihre Heimat gefunden haben.

Die wirtschaftliche Entwicklung der Inseln ist durch die beherrschende Stellung der vor allem Zuckerrohr und Ananas anbauenden Großplantagen gekennzeichnet. Sie beanspruchen 94% der landwirtschaftlich genutzten Flächen. Die restlichen 6% werden durch Kleinfarmer und Heimstättensiedler mit Kaffee, Reis (Chinesen), Sisal und Taro bebaut. Gemüse und Obstbau, sowie Milchwirtschaft und Geflügelzucht sind ebenfalls ausgebaut, spielen jedoch, im großen gesehen, eine mindere Rolle.

Die ganz auf den Export eingestellte Großplantagenwirtschaft hat ein erhebliches Übergewicht der Ausfuhrwerte über die Einfuhr erreicht, aber dafür die Eigenernährung der Inselbevölkerung auf Einfuhren angewiesen. Sogar die auf den Inseln Kauai, Oahu und Hawaii betriebene Großviehzucht soll nicht mehr in der Lage sein, den einheimischen Bedarf zu decken.

Die Erzeugnisse der 27 Ananasplantagen werden in 13 großen Konservenfabriken verarbeitet, die heute 70% des Weltbedarfes decken. Unter den Rohrzucker erzeugenden Ländern stehen die Inseln mit einer Jahresproduktion von über 1 Million Tonnen an sechster Stelle. Somit stehen die Hawaii-Inseln ganz unter der Einwirkung der meist von Neuhawaiianern betriebenen Plantagen, während die einheimischen Polynesier, in kleinen Siedlungen verstreut, ein den neuzeitlichem Wirtschaftsleben angepaßtes Eigenleben führen, teilweise aber auch sich auf den Rinderfarmen oder im Handwerk betätigen. Der zunehmende Touristenstrom führte bereits an verschiedenen Stellen aus Verdienstgründen zur Darstellung altpolynesischer Lebensweise. Althawaiianische Lieder, vor allem das bekannte Lied „Aloha Oe“ zum Klange der Hawaiian-Guitarre hört man in den Abendstunden vielfach am Strande des Weltbades der Waikiki Beach. Die althawaiianische Sitte, den von den Inseln Scheidenden einen Nelkenkranz, den „lei“ um den Hals zu legen, ist Allgemeingebrauch geworden. Das genannte Lied ist allerdings nicht althawaiianisch, sondern eine Komposition des preußischen Militärkapellmeisters Berger, den Kaiser Wilhelm I. 1874 auf Bitten des Königs von Hawaii, Kakalakaua, dorthin beurlaubte. Doch Berger ist nicht der einzige Deutsche, der auf Hawaii wirkte. Vor dem ersten Weltkriege lebten 1600 Deutsche dort. Die deutschen Häuser Isenberg und Hackfeld gehörten zu den Pionieren der Zuckerrohrplantagen auf den Hawaii-Inseln. Allein vier Fünftel aller Plantagen auf der Insel Kauai befanden sich bis 1914 im Besitz von Reichsdeutschen. Daß sie im besten Einvernehmen mit den Eingeborenen standen, erzählen heute noch alte Hawaiianer. Deutsche nahmen auch unter den fortschrittlichen hawaiianischen Königen verschiedentlich Ministerposten ein.

Die wirtschaftliche Entwicklung der einzelnen Inseln ist durch die Vielartigkeit der Landschaften außerordentlich verschieden. Ein Drittel der nur 248 qkm großen Insel Niihau ist von den fast vegetationslosen, bis zu 400 m Höhe ansteigenden Bergen bedeckt, die nach Nordosten in 240 m hoher Steilwand zum Meere abfallen. Die südwestlichen Ebenen aus Schutt überlagerten Korallenkalken bieten Schafherden erträgliche Weiden. In geringem Umfange werden von den vorwiegend aus Polynesiern bestehenden Bewohnern neben Gemüsen und Früchten für den Eigenbedarf Ananas und Bananen angebaut.

Wesentlich fruchtbarer ist die 1515 qkm große Insel Kauai, das „Gartenland" der Hawaii-Inseln, mit 59000 Einwohnern. Stark verwittert ist dort das Basaltgestein des bis zu 1760 m Höhe ansteigenden erloschenen Vulkanes Waialeale, dessen regenreiche Hänge dichte Wälder decken. Dreizehn Wasserläufe haben dort ihren Ursprung. Teils stürzen sie über hohe Wasserfälle zu Tal, teils haben sie sich bis zu 300 m tiefe Schluchten gegraben, wie der Hanapepe, der sich über einen 100 m hohen Wasserfall in einen vielbesuchten Cañon ergießt. Während im Norden das Gebirge teilweise in schroffen Felsenwänden zum Meere abstürzt, umschließen auf den anderen Seiten im Dreiviertelkreis Ananasfelder die Wälder am Bergeshang und etwas tiefer ausgedehnte Zuckerrohrfelder. Auf guten Weiden werden Rinder- und Pferdezucht betrieben. Die landschaftliche Schönheit weiter Küstenstriche mit merkwürdigen Höhlenbildungen im erstarrten Lavagestein, die Felsenschluchten der Flüsse und der riesige alte Krater des Waialeale werden trotz seines Regenreichtums viel von Touristen besucht, die über gut ausgebaute Straßen vom Haupthafen Nawiliwili aus die berühmtesten Ausflugsorte bequem im Kraftwagen erreichen können.

Die mit 1554 qkm nur wenig größere Insel Oahu ist mit ihrem für den Transpazifikverkehr wichtigen Handelshafen Honolulu und dem Kriegshafen Pearl Harbour die wirtschaftlich bedeutendste Insel der ganzen Gruppe und weist daher rund 320 782 Einwohner auf. Zwischen langgestreckten Ketten erloschener Vulkane, die in der nordöstlichen Koolaukette mit dem Pali 850 m Höhe und im Südwesten in den Waianaebergen mit dem vorgelagerten Mount Kaala 1228 m Höhe erreichen, breitet sich das weitläufige Waialuatal von der gleichnamigen Bucht im Norden bis zu den alten Kratern Punch Bowl über Honululu und dem Diamond Head über dem Strande von Waikiki. Das von einem schluchtartigen Erdriß in seiner ganzen Breite durchschnittene Tal ist neben den Nordosthängen der Koolaukette das Hauptgebiet der Zuckerrohr- und Ananasfelder, die vielfach durch Feldbahnen mit den ihre Erzeugnisse verarbeitenden Fabriken in Verbindung stehen. Zu Füßen der steilen Nordosthänge der Koolaukette, die im Norden bis zu den höchsten Erhebungen bewaldet sind, wird im flachwelligen Hügelland Rinderzucht betrieben. Die südlichen Ausläufer dieser Bergkette, mit ihren schwarzen Felsenklippen vulkanischen Gesteins, lassen jedoch nur einen schmalen Uferstreifen frei, gegen den, vom steten Passatwind getrieben, die Wogen des Stillen Ozeans in gewaltiger Brandung anspringen.

Im südöstlichen Inselteil liegt zwischen der Punch Bowl und dem Diamond Head der Palmenstrand der Waikiki Beach. Der an sich nur schmale, aber langgestreckte Badestrand wird durch ein ausgedehntes Korallenriff vor den Haifischen und auch bei Ebbe vor der oft starken Brandung geschützt. In blütenreichen Parkanlagen liegen dort größere und auch sogenannte Bungalow-Hotels, die jedem Besucher ein kleines für sich liegendes Haus zum Aufenthalt bieten. Am Badestrand genießen Geschäftsleute aus Honululu, Touristen aller Länder in ungestörtem Verkehr mit der polynesischen Bevölkerung erholsame Stunden. Das „Surfriding“, das Gleiten auf mannslangen Brettern über den Wogen der langen Dünung, Fahrten in Auslegerbooten, der Fischfang zu Zeiten der Ebbe auf dem Korallenriff gehören zu den Freuden des Badelebens in einem fast immer gleichbleibenden sonnigen Wetter, das gelegentlich einmal für eine Viertelstunde durch eine leichte Regenhusche unterbrochen wird. Prächtige Palmenalleen führen von Waikiki durch ausgedehnte Parkanlagen nach Honululu. Die von fast allen großen, den nördlichen Teil des Stillen Ozeans durchquerenden Dampferlinien berührte Hafenstadt weist das Gepräge einer nordamerikanischen Mittelstadt auf, in der Hochhäuser noch nicht Trumpf sind. Eine den größten Teil der Insel umschließende Autostraße dient dem Wirtschafts- und Touristenverkehr.

Weniger bedeutungsvoll sind die vier südöstlich von Oahu gelegenen Inseln Molokai, Lanai, Kahoolawe und Maui, die bei einem Gesamtumfang von 3661 qkm etwa 71000 Einwohner aufweisen.

Am Nordstrand von Molokai liegt zwischen dem Meer und den 1060 m hohen Bergen, in abgeschlossener Lage, die Leprastation, deren Einrichtung schon im Jahre 1853 notwenig wurde, um das Fortschreiten der von den Chinesen eingeschleppten Krankheit zu verhindern. Wirtschaftlich sind auf Molokai und Lanai nur ausgedehnte Ananasfelder, auf Lanai auch die Zucht von Ziegen, Rindern und Pferden von Bedeutung.

Die Insel Maui wird von dem 3058 m hohen erloschenen Vulkan Haleakala überragt, dessen riesiger Krater mit einem Umfang von 45 km als der größte Krater der Erde angesprochen wird. Die durch das vulkanische Geschehen und die Erosion stark zerklüfteten Berghänge weisen vielfach wildromantische Landschaftsbilder auf. Von bis zu 300 m hohen Felsenwänden umschlossene Schluchten übertreffen noch durch die Pracht ihrer tropischen Vegetation manche der berühmtesten Alpentäler der Schweiz an Schönheit. Im westlichen und östlichen Küstenvorland liegen ausgedehnte Zuckerrohrplantagen. An der mittleren Westküste wird Ananas angebaut.

Die mit einem Umfang von 10398 qkm größte und durch die Tätigkeit ihrer mächtigen Vulkane interessanteste Insel der ganzen Gruppe ist Hawaii mit ihrer in flacher Bucht gelegenen Hafenstadt Hilo. Über 100 m hohe steile Felsenklippen vulkanischen Gesteins bilden die Nordküste der Insel, deren zum meist flachen Südstrand geneigtes Hochplateau von fünf gewaltigen Vulkanen überragt wird. Erloschen scheinen der 4500 m hohe Mauna Kea im mittleren Nordteil der Insel, die bis 1500 m hohe Kohalakette über dem Nordwestkap und der zum letzten Male im Jahre 1801 tätige Hualalai über der Westküste. Dahingegen sind bis in die jüngste Zeit tätig der einen riesigen ovalen Krater in 4100 m Höhe aufweisende Mauna Loa und zu seinen Füßen der Kilauea mit seinem weltberühmten Kratersee, dem Halemaumau, in dessen wechselnd großen, heute etwa 100 m Durchmesser erreichenden Schlund mit nur kurzen Unterbrechungen glühende Lavamassen in ständig wallender Bewegung sind. Eine ausgedehnte Wüste erstarrter Fladenlava, deren Rissen schwache Dämpfe entströmen, erstreckt sich vom Kilauea nach Südosten bis zum Meere. Stellenweise liegt die Glut noch so dicht unter der Oberfläche, daß in die Spalten gesteckte Stöcke in hellen Flammen verbrennen. Auch der sich zwischen dem Kilauea und Hilo erstreckende Bannwald, in dem 1934 ein vom Mauna Loa nach Osten ablaufender Lavastrom vor Erreichen der Stadt zum Stehen kam, weist in Lavahöhlen, Dampflöchern und Kraterkegeln Spuren jüngster vulkanischer Tätigkeit auf, die der mit Farnen durchsetzte Urwald in kurzer Zeit überwucherte.

Der Mauna Loa und Kilauea sind im allgemeinen nicht eruptiv, sondern entsenden Lavaströme, die allerdings gelegentlich als bis zu 300 m hohe Lavafontänen emporgeschleudert werden. Der bis zu 3300 m Höhe den Mauna Loa umschließende Urwald weist vorwiegend nach Nordosten und nach Nordwesten, wie auch nach Süden die stellenweise bis in das Meer führenden Bahnen erstarrter Lavaströme auf. Ihre schwarzen Gesteinsmassen sind vielfach geborsten und erscheinen als grauenhaft wüstes Trümmerfeld. Die Beobachtungen der nordamerikanischen Vulkanologen auf Hawaii haben ergeben, daß der Mauno Loa und der Kilauea im allgemeinen nicht gleichzeitig tätig sind und daher als selbständige Vulkane angesprochen werden müssen. Sie bekunden beide ihre Tätigkeit nicht nur durch Lavaflüsse, sondern auch durch häufig auftretende Erdbeben, deren Erschütterungen oft auch auf den anderen Inseln wahrgenommen werden. Mehr noch gefürchtet als die Lavaströme und die Erdbeben sind die Flutwellen von Seebeben, die verschiedentlich die flachen Teile der Küsten von Hawaii heimsuchten und besonders in Hilo schon mehrfach bedeutenden Schaden anrichteten. Immerhin waren in geschichtlicher Zeit auch auf Hawaii die vulkanischen Vorgänge nur Teilgeschehen, deren Zerstörungen das Leben auf Hawaii nicht in seinen Grundlagen erschütterten. So beherbergt die Insel immer noch 95000 Menschen, von denen allein 29104 in Hilo wohnen.

Der schmale Hochplateaurand zwischen dem Mauna Kea und der nördlichen Steilküste weist auf fast 120 km Länge Zuckerrohrfelder auf, während an der flachen Südküste neben Zuckerrohr, Sisal und Kaffee angepflanzt werden. Auf den ausgedehnten Grassavannen, westlich des Mauna Kea, weiden große Rinderherden. Verwilderte Ziegen richten in den Anpflanzungen erheblichen Schaden an, so daß auf sie wie auch auf die verwilderten Rinder, in den Bergwäldern regelrechte Treibjagden veranstaltet werden. Filipinos und Japaner leben als Plantagenarbeiter an der Nordküste. Im Savannenland sind Hawaiianer zu Cowboys geworden und reiten mit alten Texasreitern erfolgreich um die Wette. Am Strande von Kona leben Einheimische stellenweise noch nach ihrer Väter Art in Grashütten und gehen dem Fischfang nach. Es sind ihrer nicht mehr viele vom altpolynesischen Stamm. Aber sie führen ein unbekümmertes Leben. Frohsinn liegt über den Menschen auf den Inseln von Hawaii und hat auch dort die Weißen erfaßt. Das gesunde Klima, ein ertragreicher Boden, eine aufsteigende Wirtschaft und bis auf den Zwischenfall von Pearl Harbour eine über 50jährige friedliche Entwicklung machen den Menschen dort das Leben leicht.

Ausblick

Eine abschließende Betrachtung des Lebensstandes und der möglichen wirtschaftlichen Entwicklung im weiten Raum der Inselwelt Ozeaniens läßt erkennen, daß die Hawaii-Inseln infolge der günstigen klimatischen Verhältnisse, der dort erfolgreichen Verschmelzung der Rassen und der steten ruhigen politischen Entwicklung im pazifischen Raum fast die besten Aussichten haben. Allerdings bieten die Inseln dem Weißen nur beschränkte Entfaltungsmöglichkeiten, da bis auf wenige handwerkliche Berufe die Plantagenwirtschaft Kapital und den Einsatz farbiger Arbeitskräfte benötigt. Auch Neuseeland ist auf der Grundlage der gegebenen Verhältnisse entwicklungsfähig. Dort könnte auch der Weiße, besonders auf der Südinsel geeignete Arbeitsplätze finden. Dahingegen ist die gesamte tropische Inselwelt wirtschaftlich kaum entwicklungsfähig, so lange es nicht gelingt, das Arbeiterproblem auf vernünftigem Wege zu lösen. Die Chinesen sind im allgemeinen gute Arbeiter. Da sie jedoch fast durchweg entweder ihren Lohn nach China schicken oder in die Heimat zurückkehren, sobald ihre Ersparnisse den gewünschten Stand erreicht haben, so scheut man die damit verbundene Kapitalabwanderung. Die Zeiten, da sich Indonesier und Inder als Arbeiter anwerben lassen, werden wohl vorüber sein. Andererseits fürchtet man auch, auf Grund der politischen Entwicklung im südasiatischen Raum die Übertragung politischer Ansprüche der betreffenden Heimatländer, wie es ja auf Neuguinea die Indonesier bereits tun. Der Rückgang der eingeborenen Bevölkerung vollzieht sich nicht mehr in dem rasenden Tempo der vergangenen Jahrzehnte. Auf Samoa und Tonga ist sogar ein Zuwachs zu verzeichnen.

So sind die Inselräume Ozeaniens bis auf Hawaii, Neuseeland, Neukaledonien und einige wenige andere Inseln wirtschaftliche Zuschußgebiete. Ihre positive wirtschaftliche Entwicklung hängt vor allem von der Lösung der Arbeiterfrage ab.

Die Entschleierung des Südlandes und der Südsee

Jahr	Name	Nation	Schiff	Ziel	Reiseergebnis
1497—1499	Vasco da Gama	Portugiese		Seeweg nach Indien	Umschiffung Afrikas, Seeweg zur Malabar-Küste Vorderindiens
1504—1505	Van Calverte	Holländer	Falcon	Java Major	Nordwestküste Australien oder Neuguinea
1519—1521	Magalhaes	Portugiese i. spanischen Diensten	Victoria	Östlicher Seeweg nach Indien	Südspitze Amerikas, Magalhaes-Straße, Paumotu-Marquesas, Guam, Philippinen, unsichere Kunde über Südland
1526	Jorge de Menezes	Portugiese		Molukken	Westküste Neuguinea
1528—1529	Alvaro de Saavedra	Spanier		Von Philippinen nach Mexiko	Nordküste Neuguinea, Hawaii-, Karolinen-, Marshall-Inseln
1530—1542	englische und französische Karten zeigen			Java Major als	Nordteil von Australien
1545	Ortiz de Retes	Spanier	San Juan	Rückfahrt von Philippinen nach Mexiko	Nordküste Neuguinea, gibt der Insel den Namen
1543 oder 1545	Mendez Pintos	Portugiese	Malaiisches Seeräuberschiff	Von Cochinchina nach Japan	Japan (Zipangu)
1568 und 1595	Alvaro Mendaña	Spanier	Los Reyes, Todos Santos	Südland (Australien)	Ellice-Inseln, Salomonen, Santa-Cruz-Inseln, Tokelau-Inseln, Marquesas

Die Entschleierung des Südlandes und der Südsee

Jahr	Name	Nation	Schiff	Ziel	Reiseergebnis
1577—1580	Francis Drake	Brite	Mehrere Schiffe	Durchfahrt vom Stillen zum Atlantischen Ozean	Nordamerikan. Küste bis 48° nördlich, 1. Weltumsegelung
1595	Cornelius Houtman	Holländer			Nach Bericht des holländischen Geographen Cornelius Wytfliet 1597 das Südland erreicht
1605—1606	Willem Jansz	Holländer	Duyfken	Von Bantam nach Neuguinea	Südküste Neuguinea, Carpentaria-Golf, Nordaustralien
1605—1606	de Quiros und Torres	Spanier	San Pedro y Sass Pablo, Tres Reyes, Capitana	Von Callao Südkurs zu den Philippinen	Paumotu, Tahiti, Manihiki, Torres-Inseln, Neuhebriden, Salomonen, Louisiaden, Torres-Straße
1611	Brouwer	Holländer		Neuer Seeweg nach Indien	Westküste Australiens gesichtet?
1616	Le Maire und Schouten	Holländer	Eendracht und Hoorn	Südland über Südamerika	Le Maire-Straße, Südamerika, Tonga-Ins., Nordost-Neuguinea
1616	Dirk Hartog	Holländer	Eendragt	Seeweg von Brouwer	Sharks-Bai, Westaustralien

Die Entschleierung des Südlandes und der Südsee

Jahr	Name	Nation	Schiff	Ziel	Reiseergebnis
1622	Houtman	Holländer	Leeuwin	Seeweg von Brouwer	Kap Leuween, Südwestaustralien, Houtmans-Abrolhos-Riff
1623	Jan Carstensz	Holländer	Pera und Arnhem	Neuguinea	Carpentaria-Golf, Nord- und Westaustralien bis 17° südlich
1624	Willem de Vlaming	Holländer	Geelvink	Seeweg von Brouwer	Sharks-Bai, Westaustralien
1627—1628	Nuyts und De Witt	Holländer	Gulden Zeepart	Westaustralien	De Witts Land, vergebl. Kolonisierungsversuch
1629	Frans Pelsart	Holländer	Batavia	Besitzergreifung Westaustraliens	Gestrandet an Westküste Australiens
1636	Thomas Poel	Holländer	Cleen Amsterd. Cleen Wesel	Nordküste Australien	Nordküste 120 Meilen erforscht
1642 1643	Abel Tasman	Holländer	Hemskirk, Zeehaen, Limmen, Zeemeuw	Gesamtumriß Australiens	Tasmanien, Neuseeland, Tonga- und Viti-Inseln, Bismarck-Archipel
1688 und 1700	William Dampier	Brite	Cygmet und Roebuck	Von Timor nach Westaustralien	Bei Sharks-Bai Westküste erforscht, Känguruh entdeckt
1705	Maerten van Delft	Holländer	Vossenbosch, Nova Hollandia u. Wayer	Erforschung Umriß Australiens	Australien ein Inselkomplex

Die Entschleierung des Südlandes und der Südsee

Jahr	Name	Nation	Schiff	Ziel	Reiseergebnis
1721—1722	Jakob Roggeveen	Holländer	Arend, Thienhoven Afrikaansche Gallei	Nuyts-Land, Australien	Oster-Insel, Manihiki, Samoa, Neuhebriden, Neuguinea, Erdumsegelung
1766—1769	Louis Antoine de Bougainville	Franzose	Boudeuse, Étolle	Erdumsegelung	Neuhebriden, Neuguinea, Louisiaden
1768—1770	James Cook	Brite	Endeavour	Tahiti, Australien	Tubuai-Inseln, ganz Neuseeland, Ostaustralien, Torres-Straße
1772—1774			Resolution Adventure	Südsee	Neukaledonien, Norfolk-Inseln, Viti- und Tonga-Inseln
1776—1778			Discovery	Nördl. Durchfahrt vom Pazifik zum Atlantik	Westküste Nordamerika, Bering-Straße, Hawaii-Inseln
1787—1788	Arthur Phillip	Brite (deutschgeb.)	12 Schiffe	Australische Kolonialgründung	Kolonie Sydney gegründet
1788	La Pérouse	Franzose	Boussole Astrolabe	Erdumsegelung	La Pérouse-Straße, Nordjapan, Hawaii, Santa-Cruz- u. Samoa-Inseln
1791—1794	George Vancouver	Brite	Chatham Discovery	Australien	Südaustralien Kap Chatham-Point North

Die Entschleierung des Südlandes und der Südsee

Jahr	Name	Nation	Schiff	Ziel	Reiseergebnis
1792—1793	D'Entrecasteaux	Franzose	L'Ésperance La Recherche	Suche von La Pérouse	D'Entrecasteaux-Inseln, Neukaledonien, Louisiaden, Tonga, Admiralitäts-Inseln und Bismarck-Archipel
1794	John Hayes	Brite	Duke und Duchesse	Südaustralien	Derwent-Fluß
1797	Wilson	Brite	Duff	Suche nach Bounty	Rotuma
1797	George Bass	Brite	Reliance	Ost-Südaustralien	Baß-Straße, Südost-Küste
1797—1803	Flinders	Brite	Norfolk, Investigator	Mehrere Reisen an Küsten Australiens	Aufnahme Südküste, Tasman-River
1804	Krusenstern	Deutsch-Russe	Newa	Weltreise	Marquesas aufgenommen
1815	von Kotzebue (Chamisso)	Deutsch-Russe	Rurik	Südseeforschung	Marshall-, Hawaii-Inseln
1818—1819	Louis Freycinet	Franzose	Urania	Südseeforschung	Neuguinea, Marianen, Hawaii-Inseln
1818—1821	von Bellinghausen	Deutsch-Russe	Wostok und Miry	Südpolarreise	Paumotu-Inseln bis 70° südlich
1824—1825	Duperrey	Franzose	La Coquille	Südsee	Gesellschafts-, Gilbert-, Marshall-Inseln, Bismarck-Archipel, Neuguinea

Die Entschleierung des Südlandes und der Südsee

Jahr	Name	Nation	Schiff	Ziel	Reiseergebnis
1826—1829 1837—1842	Dumont D'Urville	Franzose	Astrolabe	Südsee	Neuseeland, Neuguinea, Viti-Inseln, Torres- und Cook-Straße, Loyalty-Inseln
1830—1832	Wendt	Preuße	Prinzeß Luise	Weltumsegelung	
1833—1835	Charles Fitzroy, Darwin	Brite	Beagle	Südsee	Neuseeland, Paumotu, Tahiti
1857	v. Wülterstorf, Hochstetter	Österreicher	Novara	Meeresforschung	v. Hochstetter beschreibt Neuseeland
1872—1876	G. Nares	Brite	Challenger	Südsee	Viti-Inseln, Torres-Str.
1874—1875	v. Schleinitz	Deutscher	Gazelle	Venusdurchgang, Kerguelen	Ost-Neuguinea, Bismarck-Archipel, Salomonen, Viti- und Tonga-Inseln
1900 1901	Hering Schönfelder	Deutschland	Möve	Meeresforschung, Vermessung	Melanesien erforscht

Besitzverteilung Australien und Ozeanien

1. Australischer Besitz

Land	Raum in qkm	Einwohner	Einwohner je qkm
Westaustralien	2 527 500	557 918	0,2
Nordaustralien	1 356 120	15 303	0.01
Südaustralien	984 341	700 257	0,7
Queensland	1 736 524	1 183 792	0,7
Neu-Süd-Wales	801 396	3 225 242	4,0
Victoria	227 610	2 202 869	9.7
Tasmanien	67 844	279 394	4,0
Canberra	2 435	20 121	
Howe-Insel	16	165	10,0
Papua (Neuguinea)	234 489	336 137	1,0
Mandat Neuguinea	180 527	514 000	1,3
Admiralitäts-Insel	2 600	13 000	2,9
Bismarck-Archipel	45 700	170 000	3,4
Bougainville und Buka	10 000	60 000	6,0
Norfolk-Insel	44	1 059	3,0
Insgesamt	8 177 416 qkm	9 279 797 Einw.	1,1 je qkm

2. Neuseeländischer Besitz

Land	Raum in qkm	Einwohner	Einwohner je qkm
Neuseeland	270 500	1 920 000	7,0
Kermadec-Insel	33,2	16	0,6
Cook-Insel	308	17 000	55,0
Savage-Insel	93	3 795	40,0
Tokelau-Insel	13	1 833	141,0
West-Samoa (Mandat)	3 260	80 000	22,0
Chatham-Insel	963	580	0,6
Drei-Königs-Insel	7,4	unbewohnt	
Auckland-Insel	852	unbewohnt	
Campbell-Insel	184	unbewohnt	
Antipoden-Insel	52	unbewohnt	
Bounty-Insel	14	unbewohnt	
Snares-Insel	2,4	unbewohnt	
Stuart und verschiedene kleine Inseln	2 062	700	0,3
Insgesamt	278 347 qkm	2 023 928 Einwohner	7,0 je qkm

3. Britischer Besitz

Land	Raum in qkm	Einwohner	Einwohner je qkm
Viti (Fidji)-Insel	18344	285000	15,0
Tonga-Insel	977	45000	44,0
Brit. Salomonen	33900	140000	4,1
Santa-Cruz-Insel	940	22700	29,4
Gilbert-Insel	430	28000	65,0
Ellice-Insel	37	4500	96,0
Ozean-Insel (Banaba)	56	2000	33,0
Fanning-Insel	668	442	0,6
Phönix-Insel	142	1000	5,0
Pitcairn	7	127	25,0
Starbuck und Malden	94	20	0,2
Nauru (Mandat)	21	3400	127,0
Rotuma	36	2207	61,0
Insgesamt	55652 qkm	534396 Einwohner	9,0 je qkm

4. USA-Besitz

Land	Raum in qkm	Einwohner	Einwohner je qkm
Hawaii- oder Sandwich-Insel	16701	541782	32,0
Samoa	156,7	18600	111,0
Guam	544	58800	110,0
Wake	7,6	unbewohnt	
Marcus-Insel	3	unbewohnt	
Insgesamt:	17412,3 qkm	619182 Einwohner	35,0 je qkm

5. Französischer Besitz

Land	Raum in qkm	Einwohner	Einwohner je qkm
Neukaledonien	16117	61000	3,8
Loyauté- oder Loyalty-Insel	1972	11000	5,0
Ile des Pins	154		
Chesterfield-Insel	1	unbewohnt	
Wallis- und Hoorn-Inseln	255	4300	22,0
Gesellschafts-Insel, Tahiti	1647	31000	18,0
Makatea, Aurora	25	1800	43,0
Paumotu- oder Taumotu-Insel	942	5130	4,7
Marquesas	1274	3000	1,8
Mangarewa- oder Gambiers-Insel	30	600	16,0
Tubuai- oder Austral-Insel	287	3000	23,0
Rapa- und Baß-Inseln	46	300	5,7
Insgesamt	22744 qkm	121130 Einwohner	5,0 je qkm

6. Britisch-französischer Gemeinschaftsbesitz

Land	Raum in qkm	Einwohner	Einwohner je qkm
Neuhebriden	12307	50000	4,0
Banks- und Torres-Inseln	923	15000	16,0
Insgesamt	13230 qkm	65000 Einwohner	4,9 je qkm

7. Ehemaliger deutscher Besitz, sodann japanisches Mandat [heute USA-Treuhandverwaltung *)]

Marianen	1822	50000	43,0
Karolinen	1419	85000	40,8
Marshall-Inseln	415	11800	20,9
Palau-Insel	478	8100	10,6
Insgesamt	4134 qkm	154900 Einw.	38,3 je qkm

*) Nach Repatriierung der Japaner wird die Zahl der Einwohner 1950 nur noch mit 50000 angegeben.

8. Chilenischer Besitz

Oster-Insel	118	250	18
Salas y Gomez	4	unbewohnt	
Insgesamt	122 qkm	250 Einwohner	18 je qkm

9. Holländischer Besitz

Niederländ. Neuguinea	388140 qkm	333300 Einwohner	1,2 je qkm

10. Gesamtübersicht über den Besitzstand

Land	Raum in qkm	Einwohner	Einwohner je qkm
Australien	81747711	9303159	1,1
Neuseeland	278347	2023928	7,0
Großbritannien	55652	534396	9,0
USA	174412,3	629182	33,0
Frankreich	22744	121130	5,0
Brit.-Franz. Besitz	13230	65000	4,9
Ehemalig. japan. Mandat	4134	50000	11,0
Chile	122	250	18,0
Holland	388140	333300	1,2
Insgesamt	8954492,3 qkm	13060345 Einwohner	1,4 je qkm

Schrifttum

* Hinweise auf weitere, umfangreiche Quellenangaben

A. Entdeckungsgeschichte, Geschichte, Allgemeine Völkerkunde

P. H. Buck, Vikings of the Sunrise. New York 1938.
G. Buschan*, Illustrierte Völkerkunde. Stuttgart 1923.
A. F. Calvet, The Exploration of Australia.
G. Collinridge, The Discovery of Australia. Sydney 1895.
A. Fornander, The Polynesian Race. London 1878.
Chr. von Fürer-Haindorf, Zur Urgeschichte Australiens. Anthropos, Wien 1936.
F. Helmolt*, Weltgeschichte, Band 9. Leipzig 1922.
E. Jenks, The History of the Australien Colonies. Cambridge 1925.
A. de Quatrefages, Les Polynesiens et leurs Migrations. Paris.
I. E. Weckler, Polynesian Explorer of the Pazific. Washington 1943.

B. Australien

W. Geisler*, Australien und Ozeanien. Leipzig 1930.
H. Hauser, Australien, der menschenscheue Kontinent. Berlin 1939.
W. Nowak, Australien, Kontinent der Gegensätze. Leipzig 1938.
I. D. Roggers, Australasia. Oxford 1925.
F. Six, Kleine Auslandskunde, Bd. 9. Berlin 1943.
W. Stölting, Australien, das Land von morgen. Berlin 1930.
B. Wise, The Commonwealth of Australia. London 1913.

C. Ozeanien (Allgemeine Literatur)

G. Brown, Melanesians and Polynesians. London 1913.
H. Daniel, Islands of the Pazific. New York 1943.
G. Friederici, Malaio-polynesische Wanderungen. Leipzig 1914.
F. H. Keesling, The South Seas in the Modern World. New York 1941.
F. Osborn, The Pacific World. New York 1944.
L. R. Stevenson, In der Südsee. München 1925.

D. Melanesien

I. B. Alberti, La Colonisation à la Nouvelle Caledonie. Paris 1914.
W. Behrmann, Im Stromgebiet des Sepik. Berlin 1922.
Fr. Bürger, Urwald und Urmenschen. Dresden 1922.
C. F. Gordon, Cumming, At Home in Fiji. London 1881.
I. Higginson, Les Nouvelles-Hébrides. Constances 1926.

v. Hesse-Wartegg, Samoa, Neuguinea und der Bismarck-Archipel. Leipzig 1902.
M. Krieger, Neuguinea. Berlin.
R. Neuhaus, Deutsch-Neuguinea. Berlin 1911.
H. Nevermann, Bei Sumpfmenschen und Kopfjägern. Stuttgart 1936.
Niederländisches Molukken-Institut. Niew Guinee. Amsterdam 1935.
P. Parkinson, Dreißig Jahre in der Südsee. Stuttgart 1924.
F. Sarasin, Neu-Caledonien und die Loyalty-Inseln. Basel 1917.
F. Speiser, Südsee, Urwald, Kannibalen-Hebriden und Santa-Cruz-Inseln. Stuttgart 1924.
M. M. Taylor, Bei den Kannibalen von Papua. Brockhaus 1925.
Basil Thomson, The Fijians. London 1908.
Thurnwald, Menschen der Südsee. Stuttgart 1927.
Wendland, Im Wunderland der Papuas. Berlin 1939.
P. Wirz, Im Herzen von Neu-Guinea. Zürich 1925.

E. Polynesien

E. H. Becker, Königin der Südsee, Neuseeland. Berlin 1940.
J. E. Bell, The Wilds of Maoriland. London 1914.
Colonial Reports, Tongan Islands. London 1937.
K. B. Cumberland, Canterbury Landscapes, New Zealand. New York 1940.
E. Dieffenbach, Travels in New Zealand. London 1843.
P. Douglas, The Dominium of New Zealand. London 1909.
O. E. Ehlers, Samoa, die Perle der Südsee. Berlin 1914.
G. Grey, Polynesian Mythologie. London 1885.
W. L. Green, The Hawaiian Vulcanoes. Honululu 1889.
F. von Hochstetter, Neuseeland. Stuttgart 1867.
A. Krämer, Hawaii, Ostmikronesien und Samoa. Stuttgart 1906.
A. Krämer, Die Samoa-Inseln. Stuttgart 1903.
Ch. London, The Niew Hawaii. London 1923.
A. Marcuse, Die Hawaiischen Inseln. Berlin 1894.
W. Mariner, An Account of the Nations of the Tonga Islands. London 1818.
Fr. Schulze-Maizier, Die Osterinsel. Leipzig 1920.
L. G. Seurat, Tahiti. Paris 1906.
G. Tihoti, Tahiti. London 1921.
C. Wriston, Hawaii to day. London 1926.

F. Mikronesien

P. A. Erdland, Die Marshall-Inseln. Münster 1914.
S. v. Prowazek, Die deutschen Marianen. Leipzig 1913.
K. Semper, Die Palau-Inseln. Leipzig 1873.
C. Götz, Die Karolineninseln. Weida 1914.

Register

(Ergänzung des Inhaltsverzeichnisses)

FSC
www.fsc.org
MIX
Papier | Fördert
gute Waldnutzung
FSC® C083411

Kolibri 360 GmbH
Ferdinand-Jühlke-Straße 7
99095 Erfurt, Deutschland
produktsicherheit@kolibri360.de